厨事轻松跟我做

宝宝营养餐

范海/编著

中国人口出版社
China Population Publishing House
全国百佳出版单位

图书在版编目（CIP）数据

经典宝宝营养餐 / 范海编著. -- 北京 ：中国人口出版社，2015.1

ISBN 978-7-5101-3155-4

Ⅰ. ①经… Ⅱ. ①范… Ⅲ. ①婴幼儿－保健－食谱 Ⅳ. ①TS972.162

中国版本图书馆CIP数据核字（2014）第311959号

经典宝宝营养餐

范　海 编著

出版发行	中国人口出版社
印　　刷	北京瑞禾彩色印刷有限公司
开　　本	720毫米×1000毫米 1/16
印　　张	10
字　　数	150千
版　　次	2015年1月第1版
印　　次	2015年1月第1次印刷
书　　号	ISBN 978-7-5101-3155-4
定　　价	19.90元
社　　长	张晓林
网　　址	www.rkcbs.net
电子信箱	rkcbs@126.com
总编室电话	(010) 83519392
发行部电话	(010) 83534662
传　　真	(010) 83515992
地　　址	北京市西城区广安门南街80号中加大厦
邮政编码	100054

版权所有 侵权必究 质量问题 随时退换

目录
CONTENTS

Part 1 4~6个月宝宝营养辅食

大米汤……002
小米汤……002
青菜汤……003
胡萝卜汤……003
山楂水……004
橘子汁……004
苹果汁……005
梨汁……005
番茄胡萝卜汁……006
番茄苹果汁……006
核桃汁……007
番茄水……007
奇异果汁……008
水果藕粉……008
蔬果汁……009
胡萝卜泥……009
青菜泥……010
香蕉泥……010
红薯泥……011
鸡肝糊……011
红薯羹……012
蛋黄泥……012

Part 2 7~9个月宝宝营养辅食

土豆苹果糊……014
营养蔬果糊……014
番茄糊……015
蔬菜泥……015
茄子泥……016
鸡汤南瓜泥……016
蛋黄土豆泥……017
肝末土豆羹……017
樱桃水……018
奶香绿豆沙……018
大米土豆糊……019
菠菜奶香羹……019
鱼肉羹……020
蔬菜鸡蛋羹……020

目 录

奶味香蕉蛋羹……………021
胡萝卜羹……………021
芝麻粥……………022
豌豆粥……………022
南瓜红薯粥……………023
苹果蛋黄粥……………023
红薯鸡蛋粥……………024
奶香蛋黄粥……………024
豆腐粥……………025
白萝卜浓汤……………025
蒸猕猴桃……………026
鲑鱼豆腐羹……………026
南瓜洋葱羹……………027
鸡汤菠菜粥……………027
胡萝卜粥……………028
番茄鳜鱼泥……………028

Part 3 10~12个月宝宝营养辅食

浆果……………030
水果拌豆腐……………030
白萝卜水……………031
花生红枣泥……………031
空心粉沙拉……………032
金枪鱼沙拉……………032
木耳黑米糊……………033
山楂枸杞水……………033
猕猴桃奶糊……………034
姜韭奶香羹……………034
蔬菜奶香羹……………035
玉米片奶香粥……………035
绿豆薏仁粥……………036
山药胡萝卜粥……………036
苹果麦片粥……………037
南瓜薏仁粥……………037
小米蛋花粥……………038
南瓜点心……………038
海苔鸡蛋羹……………039
鲜蘑鸡蛋羹……………039
芋头南瓜粥……………040
茯苓桂花心粥……………040
鸡肉香菇粥……………041
猪肝粥……………041
蔬菜鱼肉粥……………042
鳕鱼香菇菜粥……………042
青菜肉末粥……………043
炒面糊……………043
橙汁土司……………044
蒸布丁……………044
面包布丁……………045
金枪鱼薯饼……………045

香煎土豆饼……046
煎饼……046
胡萝卜菜花……047
鱼肉果汁羹……047
玉米滑蛋……048
萝卜糕炒蛋……048
鸡蛋玉米羹……049
鲜虾肉泥……049
奶香红薯泥……050
熟肉末……050
蘑菇丸……051
鸡肉香菇蛋卷……051
肉末豆花……052
苋菜银鱼羹……052
茄子汤……053
缤纷蔬菜汤……053
填馅圣女果……054
鳄梨奶糊……054
核桃花生奶……055
栗桂粳米粥……055
芝麻糊……056
奶香花生糊……056

Part 4 1~3岁宝宝健康成长餐

营养均衡餐

冰糖莲子……058
油渍鲜蘑……058
蔬菜小杂炒……059
茭白金针菇……059
清炒甜豆……060
芦笋扒冬瓜……060
春日合菜……061
鱼味蛋饼……061
肉末蛋羹……062
烂糊肉丝……062
香菠咕咾肉……063
苦瓜排骨汤……063
羊肉粉皮汤……064
胡萝卜兔丁……064
茄汁鸡块……065
凤脯炒山药……065
三杯仔鸡……066
养身童子鸡……066
馄饨鸭……067
卤鸭心……067
炒黑鱼片……068
银鱼炒蛋……068
黄鱼小馅饼……069
赛螃蟹……069
凉瓜鳕鱼丁……070

目录

奶油烤鳕鱼……………………070
蟹黄熘豆腐……………………071
番茄羊肉炖饭…………………071
玉米烤饭………………………072
叉烧炒蛋饭……………………072
宝宝小饭团……………………073
粳米大枣粥……………………073
清凉苦瓜粥……………………074
蔬菜牛肉粥……………………074
鹌鹑汤粥………………………075
薏仁鱼片粥……………………075
银鱼蛋花粥……………………076
三色元宝水饺…………………076
鱼肉水饺………………………077
绿豆糕…………………………077
麻香紫薯球……………………078
米香黑糖饼干…………………078
燕麦饼干………………………079
奶油小饼干……………………079

补钙壮骨餐

鲜奶豆花………………………080
杏仁奶茶………………………080
雪耳珍珠奶……………………081
胡萝卜沙拉……………………081
藕粉圆子………………………082
西芹百合………………………082
金银豆腐………………………083
蒸豆腐丸子……………………083
八宝豆腐………………………084
肉豆腐蒸糕……………………084
火腿豆腐煲……………………085
日式煎蛋卷……………………085
黄金肉末………………………086
肉末鹌鹑蛋……………………086
粉皮炖肉………………………087
茶树菇炖肉……………………087
秘制红烧肉……………………088
黄豆炖排骨……………………088
小香排…………………………089
肉肠油菜………………………089
牛肉沙拉………………………090
松仁牛柳………………………090
果汁牛柳………………………091
山药砂锅牛肉…………………091
土豆炖牛肉……………………092
菠萝牛肉………………………092
鸡肉沙拉………………………093
芝麻鱼条………………………093
黄颡鱼豆腐汤…………………094
生菜鱼丸汤……………………094
虾仁镶豆腐……………………095
虾皮紫菜汤……………………095
胡萝卜饭………………………096
海陆蛋卷饭……………………096
肉末豆腐粥……………………097
双肉海参饺……………………097

牛骨汤挂面……………………098
宝宝磨牙棒……………………098

益智健脑餐

核桃酪…………………………099
藕粉鸽蛋羹……………………099
水果布丁………………………100
酸奶布丁………………………100
水晶猕猴桃冻…………………101
银百炖香蕉……………………101
鸡蛋沙拉………………………102
蔬菜烘蛋………………………102
蔬菜鸡蛋羹……………………103
五仁蒸南瓜……………………103
核桃仁炒丝瓜…………………104
莲子银耳汤……………………104
金针菇海带卷…………………105
肝羹鸡泥………………………105
鱼肉酸奶沙拉…………………106
鲫鱼豆腐蒸蛋…………………106
鱼肉秋葵汤……………………107
醋椒鲈鱼………………………107
蛋松鲈鱼块……………………108
鱼头汤…………………………108
福州鱼丸………………………109
香菇蒸鳕鱼……………………109
清蒸三文鱼……………………110
鲑鱼豆腐汤……………………110
芥菜滚鱼汤……………………111
菠萝炒虾仁……………………111
草菇虾仁………………………112
翡翠虾仁………………………112
龙眼苦瓜………………………113
松仁虾球………………………113
炒鲜鱿鱼卷……………………114
煎蛤蜊肉蛋饼…………………114
虾米花蛤蒸蛋…………………115
豆腐蛤蜊汤……………………115
清水蛏子汤……………………116
香葱乌鱼蛋汤…………………116
鲑鱼海苔盖饭…………………117
金枪鱼蛋卷饭…………………117
鳕鱼红薯饭……………………118
鲑鱼面…………………………118
虾仁菜汤面……………………119
虾仁鸡蛋面……………………119

补血补铁餐

红豆奶…………………………120
红豆薏仁米冻…………………120
红枣山药南瓜…………………121
红枣木耳汤……………………121
干炸里脊………………………122
燕麦猪肉饼……………………122
莲藕猪骨汤……………………123
猪皮红枣羹……………………123
芝麻肝片………………………124
滋补猪肝汤……………………124

目录

猪肝黄豆煲……125
枸杞猪肝汤……125
牛骨营养汤……126
牛髓真菌汤……126
清炖羊肉……127
红焖羊排……127
羊肝蛋羹……128
香煎鸡肉饼……128
贵妃鸡翅……129
美味鸡肝蓉……129
胡萝卜炒鸡肝……130
煎鸡肝……130
生炒鱼片……131
鱼羊鲜……131
什锦煨饭……132
翡翠炒饭……132
红豆稀饭……133
猪肝绿豆粥……133

健胃润肠餐

蜂蜜橙子水……134
菊花山楂露……134
冰糖杏仁木瓜……135
酸奶……135
酸奶蛋……136
奶酪……136
山楂橘子羹……137
玫瑰香蕉……137
西柠香蕉……138
素卤香菇茭白……138
土豆鲜蘑沙拉……139
蘑菇沙拉……139
酥枣盒……140
金菠香芋……140
红豆山药盒……141
甜煮薯瓜……141
红薯薏仁汤……142
酸甜彩椒……142
润肠蔬菜汤……143
水煮鲜笋……143
水煮干笋……144
松仁小肚……144
砂锅白肉汤……145
软炸山药兔……145
香蕉鸡肉……146
雪梨鸡丝……146
香滑鲈鱼块……147
双味麻花鱼……147
家常烧鲤鱼……148
萝卜蛏子汤……148
山楂粥……149
南瓜菠菜粥……149
南瓜糯米饼……150
饴糖糯米粥……150
芝麻消食脆饼……151
菠菜疙瘩汤……151
肉末番茄面……152
南瓜面条……152

Part 1

4～6个月 宝宝营养辅食

大米汤

主料 大米50克。

做法

1.将大米洗净，用清水浸泡3个小时。

2.将大米放入锅中，加入3～4杯水（约1000毫升），小火煮至水减半时关火。

3.将煮好的米粥过滤，只留米汤，微温时即可给宝宝喂食。

做法支招 米粒煮至开花最合适，熬出来的米汤最有营养。

小米汤

主料 小米50克。

做法

1.小米洗净后浸泡，再入锅加水，小火煲粥至水量减半时关火。

2.将煮好的米粥过滤留米汤。

营养小典 因宝宝脾胃弱，各种功能还不健全，因此容易脾胃失调，消化吸收不好，喝米汤有利于宝宝的消化吸收。

青菜汤

主料 青菜50克。

做法

1.将青菜洗净后浸泡1小时，然后捞出切碎。

2.锅内加一小碗清水，煮沸后将菜放入，盖紧锅盖再煮5分钟，待温度适宜时去菜渣即可。

做法支招

妈妈在调制青菜水时应注意，菜汤应随煮随用，以免久放使维生素C失效。

胡萝卜汤

主料 胡萝卜50克。

做法

1.将胡萝卜洗净，切成丁。

2.锅置火上，放入胡萝卜丁，加适量水，中火煮至胡萝卜熟烂，稍凉，用清洁的纱布过滤去渣，留汤喂食宝宝即可。

饮食宜忌

适合4个月大的宝宝食用，每次饮用1~2勺。也可榨汁，但要兑水后给宝宝喂食。

山楂水

主料 山楂50克。

做法

1.将新鲜山楂用清水洗净后放入锅内，加水煮沸，再用小火煮15分钟，然后将山楂去皮、去核。

2.将山楂水倒入杯中,温后即可饮用。

营养小典 这款料理酸甜可口，有健胃消食、生津止渴的功效，对增进宝宝食欲大有益处。

橘子汁

主料 橘子50克。

做法

1.橘子去皮洗净，切成两半。

2.将每半个橘子置于挤汁器盘上旋转几次，果汁即可流入槽内，过滤后可给宝宝喂食。

做法支招 每个橘子约得果汁40毫升，饮用时可加1倍温开水。

苹果汁

主料 苹果30克。

做法

1. 苹果削皮去核，用擦菜板擦成丝。
2. 用干净纱布包住苹果丝，挤出汁即可。

营养小典

熟苹果汁适合于胃肠功能弱、消化不良的小儿，生苹果汁适合消化功能好、大便正常的婴儿。

梨汁

主料 雪梨50克。

做法

1. 雪梨洗净，去皮、去核，切成小块。
2. 将雪梨放入榨汁机中，榨成汁，加入适量水调匀即可。

营养小典

雪梨含有丰富的果糖、葡萄糖、苹果酸、烟酸及多种维生素，对宝宝补充维生素和各种营养有很大的益处。

番茄胡萝卜汁

主料 番茄、胡萝卜各50克。

做法

1.将番茄、胡萝卜均去皮洗净，切成丁。

2.放入榨汁机中，加入适量水榨成汁即可。

营养小典 胡萝卜含有大量胡萝卜素，有补肝明目的作用，可补充维生素A。

番茄苹果汁

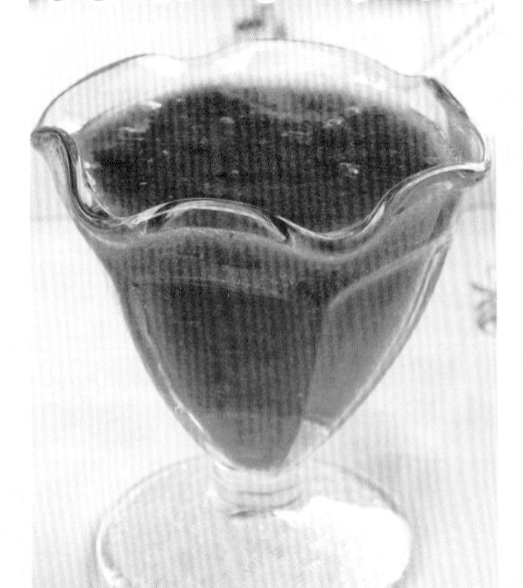

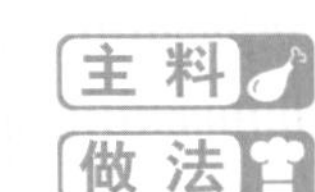

主料 番茄、苹果各50克。

做法

1.将番茄洗净，用开水烫一下后剥皮，用榨汁机或消毒纱布把汁挤出。

2.苹果洗净，削皮去核，放入榨汁机中搅打成汁。

3.苹果汁兑入番茄汁中，兑入温开水调匀即可。

做法支招 番茄一定要选择熟透的，青番茄食用后会导致腹痛。

核桃汁

主料 核桃仁100克，配方奶适量。

做法

1.将核桃仁放入温水中浸泡5分钟，去皮。

2.将核桃仁用豆浆机磨成汁，用丝网过滤，使核桃汁流入小盆内。

3.把核桃汁倒入锅中，加入配方奶烧沸，待温后即可饮用。

营养小典 核桃汁可促进淀粉酶的分泌，润肠通便，增加食欲，提高其营养素的吸收，有助于宝宝的生长和脑的发育。

番茄水

主料 熟透番茄100克。

做法

1.番茄洗净，用开水焯烫3分钟，捞出去皮切碎。

2.将切碎的番茄用清洁的双层纱布包好，把番茄汁挤入小盆内，用适量温开水冲调即可。

番茄含有糖类、矿物质及维生素等多种营养素，适用于4个月以上人工喂养或混合喂养的宝宝。

奇异果汁

主料 奇异果25克。

做法

1.奇异果洗净去皮，切成小块。

2.将奇异果放入榨汁机里打成汁，或放入干净的碗中，用勺子背挤压成泥，再用消毒干净的纱布过滤成果汁即可。

饮食宜忌 儿童对猕猴桃易过敏，因此在喂食猕猴桃汁时，家长要小心谨慎。

水果藕粉

主料 藕粉20克，苹果、梨各15克。

做法

1.藕粉和清水调匀。

2.苹果、梨均切成细小的颗粒，加水煮熟备用。

3.将藕粉倒入锅内，用微火慢慢熬煮，边熬边搅拌，直至透明，将煮好的水果粒倒入拌匀即可。

营养小典 苹果等水果含有丰富的蛋白质、糖类、维生素C、钙、磷，藕粉中维生素、烟酸、铁等的含量也较高。

蔬果汁

主料 番茄、苹果、梨各30克。

做法

1.番茄用开水烫去皮，洗净，切丁；苹果洗净，去皮、去核，切丁；梨去皮，切丁。

2.将所有蔬果放入榨汁机中，加入凉开水，瞬打2下，再慢速打3分钟即可。

营养小典 这道蔬果汁富含维生素，能满足宝宝成长所需营养，还能促进消化。

胡萝卜泥

主料 胡萝卜、苹果各50克，配方奶50毫升。

做法

1.苹果洗净，去皮、去核，切块。

2.胡萝卜去皮，洗净，切块。

3.苹果、胡萝卜同入锅煮30分钟，盛碗中，压成泥，倒入配方奶调匀即可。

做法支招 如无配方奶也可以用凉开水榨汁。

青菜泥

主料 青菜50克。

做法

1.将青菜洗净去茎，菜叶撕碎。

2.将撕碎的菜叶放入沸水中煮，待水沸后捞起菜叶，放在干净的钢丝筛上，将其捣烂，用勺压挤，滤出菜泥即可。

营养小典 这款料理营养丰富，含多种维生素，可加入粥中喂给宝宝。

香蕉泥

主料 香蕉50克。

做法

1.香蕉去皮。

2.用汤勺将果肉压成泥状即可。

做法支招 在喂食一种新的果泥时，先以一汤勺来试食，看看宝宝是否有过敏反应，再决定是否继续给宝宝食用。

红薯泥

主料 红薯50克。

做法

1. 红薯去皮后切小丁。
2. 将红薯丁放入电饭锅蒸熟，用汤匙压成泥状，可以再加水或奶一起混合，以汤匙喂食宝宝即可。

做法支招

由于红薯本身甜度较高，兑少许开水是为了降低红薯泥的甜度，也是为了不让过多糖分增加宝宝肾脏的负担。

鸡肝糊

主料 鸡肝15克。

调料 鸡架汤适量。

做法

1. 将鸡肝放入沸水中去掉血水，再煮10分钟，取出剥去外衣，放容器内研碎。
2. 将鸡架汤放入小锅内，加入研碎的鸡肝，煮成糊状即可。

营养小典

鸡肝富含钙、磷、铁、锌及蛋白质、维生素A、维生素B_1、维生素B_2等多种营养素，适合4 ～ 6个月婴儿食用。

红薯羹

主料 甜红薯50克。

调料 肉汤适量。

做法

1.将红薯去皮，切成小块。

2.将红薯放入锅中，倒入肉汤，边煮边将红薯捣碎，煮至红薯稀软即可。

营养小典 红薯中的维生素E可帮助肝脏进行解毒，平衡内分泌。所以说，红薯是宝宝增强体力上好的营养来源。

蛋黄泥

主料 鸡蛋1个（约60克），配方奶40毫升。

做法

1.将鸡蛋放入凉水锅中，大火煮沸，中火再煮8分钟，捞出后放凉，剥壳取出蛋黄。

2.将蛋黄研碎，加入水或配方奶小半杯，用勺调成泥状即可。

饮食宜忌 4个月的宝宝会对异种蛋白产生过敏反应，不足周岁的宝宝最好不要食用鸡蛋清。

Part 2

7～9个月宝宝营养辅食

土豆苹果糊

主料 土豆、苹果各50克。

调料 煮海带清汤适量。

做法

1.土豆和苹果去皮，土豆炖烂之后捣成土豆泥，苹果制成果泥。

2.将土豆泥和海带清汤倒入锅中煮至成稀粥状，关火盛出，将苹果糊放在土豆泥上即可。

营养小典 土豆中钾的含量非常高，在蔬菜类里名列前茅。

营养蔬果糊

主料 胡萝卜、苹果梨各50克。

做法

1.胡萝卜洗净之后入锅蒸熟，捣碎。

2.苹果梨洗净，削皮，用擦菜板擦丝。

3.将捣碎的胡萝卜和擦好的苹果梨丝放入炖锅中，加适量水，小火煮至成糊，盛出即可。

营养小典 胡萝卜泥含有多种营养素，加入营养丰富的苹果梨，不仅味道更美，营养也更多了，是断奶期婴儿很好的辅食。

番茄糊

主料 番茄50克。

做法

1.用叉子将番茄叉好放入开水锅中烫3分钟，取出，去皮、去子。

2.将番茄用勺子捣碎成糊状即可。

饮食宜忌 不要在宝宝空腹时喂食，容易引起胃肠胀满、疼痛等不适症状。

蔬菜泥

主料 红薯叶、菠菜叶各25克。

做法

1.红薯叶、菠菜叶均洗净，入锅烫熟，捞出沥干。

2.将沥干的红薯叶、菠菜叶用研磨器磨成泥状即可。

营养小典 开胃健脾，润肠通便，明目健脑。

茄子泥

主料 嫩茄子50克。

做法

1.茄子洗净，去皮，切细条。

2.将茄子条放入小碗里，上锅蒸15分钟，盛出。

3.将蒸好的茄子用勺研成泥状即可。

营养小典 茄子中维生素PP的含量很高。维生素PP能保护心血管，有帮助宝宝防治维生素C缺乏的功效。

鸡汤南瓜泥

主料 南瓜75克。

调料 无盐鸡汤适量。

做法

1.南瓜去皮，入锅蒸熟，用勺子碾成泥。

2.锅中倒入鸡汤烧沸，放入南瓜泥煮至黏稠，盛出即可。

营养小典 鸡肉富含蛋白质，南瓜富含钙、磷、铁、碳水化合物和多种维生素，配合食用更利于宝宝吸收营养。

蛋黄土豆泥

主料 土豆50克，熟鸡蛋黄1个，菠菜20克。

做法

1.土豆去皮，洗净，切成小块，放入锅内，加入适量的水煮烂，用汤匙捣成泥状。

2.熟鸡蛋黄碾碎。

3.菠菜洗净，入锅煮熟后捞出沥干水分，切碎，用纱布过滤出汁液。

4.将土豆泥盛入小盘内，加入菠菜汁、熟鸡蛋黄，搅拌均匀即可。

营养小典 蛋黄含有丰富的磷脂和必需脂肪酸，能促进宝宝智力发育，是公认的好辅食。

肝末土豆羹

主料 新鲜猪肝30克，土豆50克。

调料 无盐肉汤适量。

1.新鲜猪肝洗净，除去筋、膜，剖成两半，用斜刀在肝的剖面上刮出细末，加入少量水调成泥状，入蒸锅隔水蒸8分钟。

2.土豆洗净，去皮，入锅煮熟，盛出后用勺捣成泥。

3.锅内加入肉汤，放入猪肝和土豆泥搅拌均匀，煮5分钟即可。

营养小典 猪肝能够帮宝宝补充蛋白质、维生素A和钙、铁等矿物质，土豆能给宝宝提供充分的能量和所需要的多种营养素。

樱桃水

主料 熟透樱桃75克。

做法

1.樱桃洗净，去核、去蒂。

2.锅置火上，放入樱桃，倒入适量水，小火煮15分钟，将樱桃搅烂，倒入碗中稍凉即可。

营养小典 樱桃营养丰富，宝宝食用可以补充钙、铁，有利于生长发育。

奶香绿豆沙

主料 绿豆30克，配方奶100毫升。

做法

1.绿豆淘洗干净，入锅蒸熟，去皮凉温。

2.将熟绿豆仁与配方奶一起放入榨汁机中打匀，即成奶香绿豆沙。

营养小典 绿豆具有增进食欲与消暑利尿的效果，富含B族维生素，是消暑佳品，能够补充宝宝出汗的营养损失。

大米土豆糊

主料 大米100克，土豆50克，配方奶适量。

做法

1.大米淘洗干净，浸泡1小时；土豆洗净去皮，切小块。

2.将大米、土豆一起放入搅拌机内，加入适量水，打成糊，倒入锅中，煮沸，出锅前加配方奶略煮即可。

做法支招 土豆削皮，只需削掉薄薄的一层，发芽处一定要处理干净。

菠菜奶香羹

主料 菠菜50克，洋葱10克，配方奶50毫升。

做法

1.菠菜洗净，放入开水锅中汆烫至软后捞出，沥干水。

2.选择叶尖部分仔细切碎，磨成泥状；洋葱洗净，剁成泥。

3.锅置火上，放入菠菜泥与洋葱泥及适量清水，用小火煮至黏稠状，出锅前加入配方奶略煮即可。

营养小典 菠菜含有丰富的铁和类胡萝卜素，对宝宝的视力发育很有帮助。

鱼肉羹

主料 鱼肉50克，洋葱、胡萝卜各30克。

做法

1.鱼刺剔除干净，鱼肉切碎。
2.胡萝卜、洋葱均切碎。
3.锅内倒水烧开，放入鱼肉和蔬菜，煮至蔬菜熟烂即可。

营养小典 鱼肉富含优质蛋白质，结缔组织比较少，肉质较为细致、好入口，容易被宝宝消化吸收。

蔬菜鸡蛋羹

主料 鸡蛋黄1个，胡萝卜、菠菜、洋葱各30克。

做法

1.鸡蛋黄用筷子搅匀。
2.菠菜、胡萝卜、洋葱均切碎，放在开水里煮烂，放入蛋黄，煮沸即可。

营养小典 鸡蛋是人类最好的营养来源之一。

奶味香蕉蛋羹

主料 香蕉30克，配方奶50毫升，鸡蛋1个（约60克）。

做法

1.香蕉去皮，用勺子压成泥。

2.鸡蛋取蛋黄，倒入碗中打散，加入香蕉泥和配方奶一起拌匀。

3.蒸锅加水烧开，放入香蕉蛋奶液，中火蒸熟即可。

营养小典 易于消化，营养全面，润肠通便，健脑益智，对宝宝的全面发育十分有益。

胡萝卜羹

主料 胡萝卜50克。

调料 无盐肉汤适量。

做法

1.胡萝卜洗净，切块，炖烂并捣碎。

2.将捣碎的胡萝卜及肉汤倒入锅中，煮至胡萝卜熟烂即可。

营养小典 胡萝卜含有大量胡萝卜素，有补肝明目的作用。

芝麻粥

主料 熟黑芝麻20克，粳米30克。

做法

1.粳米淘洗干净；黑芝麻碾碎。

2.将粳米放入电饭锅中，加适量水，煮至米粥熟烂，加入碎黑芝麻，稍煮即可。

营养小典 芝麻含有脂肪、蛋白质、糖类、维生素A、维生素E、卵磷脂等营养成分，常食此粥可促进宝宝生长发育。

豌豆粥

主料 米饭50克，豌豆15克，牛奶25毫升。

做法

1.豌豆煮熟，捣碎。

2.米饭加适量水用小锅煮沸，加入豌豆，用小火煮成粥，加入牛奶搅匀即可。

营养小典 豌豆中含有大量粗纤维，能促进肠道蠕动，保持大便通畅，起到清理肠道的作用。

南瓜红薯粥

主料 南瓜30克，红薯20克，玉米粉50克。

做法

1.红薯、南瓜均去皮,洗净,剁成碎末;玉米粉用适量的冷水调成稀糊。

2.锅置火上，加适量清水，烧开，放入红薯和南瓜煮5分钟左右，倒入玉米糊，煮至黏稠即可。

营养小典 红薯含有丰富的营养元素，特别是含有丰富的赖氨酸，能弥补大米、面粉中赖氨酸的不足。

苹果蛋黄粥

主料 苹果30克，熟鸡蛋黄1个，玉米粉50克。

做法

1.苹果洗净，切碎；玉米粉用凉水调匀；熟鸡蛋黄研碎。

2.锅置火上，加入适量清水，烧开，倒入玉米粉，边煮边搅动，烧开后，放入苹果和熟鸡蛋黄，改用小火煮8分钟即可。

营养小典 苹果中的锌对脑部发育有益，能增强儿童的记忆力，对宝宝智力发育大有裨益。

红薯鸡蛋粥

主料 红薯50克，鸡蛋1个（约60克），配方奶50毫升。

做法

1.红薯去皮，蒸烂，捣成泥状。
2.鸡蛋入锅煮熟，取蛋黄捣碎。
3.锅置火上，放入红薯泥和配方奶，用小火略煮，并不时地搅动至黏稠，放入蛋黄，搅匀即可。

营养小典 红薯含有大量的淀粉、蛋白质、脂肪和各种维生素及矿物质，能有效地被人体所吸收，防治宝宝营养不良。

奶香蛋黄粥

主料 大米30克，配方奶50毫升，熟蛋黄半个。

做法

1.大米淘洗干净，放入锅中，加适量水，大火煮沸，转小火煮30分钟。
2.蛋黄用小汤勺背面磨碎。
3.将配方奶和蛋黄加入煮烂的粥中，稍煮片刻即可。

营养小典 蛋黄富含铁质，较适合宝宝食用，可防止宝宝患缺铁性贫血。

主料 米饭50克，豆腐30克。

调料 无盐肉汤适量。

做法

1.豆腐切成小块。

2.米饭、豆腐放在锅中，倒入肉汤同煮至黏稠即可。

豆腐切得越碎越好，这样有助于宝宝消化吸收。 做法支招

白萝卜浓汤

主料 白萝卜30克，玉米粉50克。

调料 无盐肉汤适量。

做法

1.白萝卜去皮，切碎；玉米粉加少许水调匀。

2.锅置火上，倒入肉汤煮沸，放入捣烂的白萝卜略煮，均匀倒入玉米粉糊，煮沸即可。

白萝卜含有丰富的维生素、淀粉酶、氧化酶、锰等元素，对于宝宝食欲减退、咳嗽痰多等都有食疗作用。 营养小典

蒸猕猴桃

主料 熟猕猴桃50克。

做法

1.猕猴桃洗净，去皮，切成块，放入碗中。

2.上笼蒸至果肉熟烂，取出稍凉即可。

饮食宜忌 猕猴桃虽然营养丰富，但宝宝不宜过多食用。

鲑鱼豆腐羹

主料 鲑鱼20克，芦笋30克，豆腐50克。

调料 炼乳少许。

做法

1.鲑鱼煮熟，捣烂;芦笋煮烂，切碎;豆腐捣碎。

2.将所有的原料混在一起，入锅，倒入适量水煮15分钟,加入炼乳即可。

营养小典 鲑鱼豆腐羹富含宝宝成长所需营养，软烂易消化，是滋补佳品。

南瓜洋葱羹

主料 南瓜75克，洋葱10克，配方奶适量。

做法

1.洋葱洗净，切碎，放锅中，加水小火煮15分钟，捞出，剁成洋葱泥。
2.南瓜洗净，去皮、去籽，入锅蒸熟，取出压成泥，与洋葱泥搅拌均匀，加配方奶调匀即可。

洋葱所含的微量元素硒是一种很强的抗氧化剂，可增强细胞的活力和代谢能力。

鸡汤菠菜粥

主料 菠菜叶25克，大米30克。
调料 无盐鸡汤适量。

做法

1.菠菜叶入沸水锅焯烫，捞出切碎；大米淘净。
2.将鸡汤、大米放入锅内煮，煮开后小火煨20分钟，加菠菜，小火煮1分钟即可。

菠菜中所含的胡萝卜素，在人体内转变成维生素A，可以保护宝宝正常视力和上皮细胞的健康。

胡萝卜粥

主料 大米50克，胡萝卜20克。

做法

1.胡萝卜剁成细末；大米淘洗干净。

2.锅中加水，放入大米烧开，米煮烂后，再将胡萝卜末放入同煮5分钟即可。

饮食宜忌 烹制胡萝卜不要放醋，否则会使胡萝卜中的维生素A遭到破坏。

番茄鳜鱼泥

主料 鳜鱼50克，番茄20克。

调料 食用油少许。

做法

1.洗净的鳜鱼取其肉，要避免带入鱼刺，入笼蒸至八成熟；番茄去皮剁碎。

2.锅内加少许油烧热，加番茄和适量水煸炒，再加入鳜鱼肉，一起炖成泥即成。

做法支招 鳜鱼刺较少，适合用来做泥、羹等宝宝辅食，既能增加营养供给，又不会有卡到宝宝的危险。

Part 3

10～12个月宝宝营养辅食

浆果

主料 草莓30克，苹果汁10毫升，乳酪20克。

做法

1.将乳酪、苹果汁混合搅拌。
2.放上草莓，用勺子将草莓压碎，喂给宝宝即可。

营养小典 草莓中所含的胡萝卜素，对胃肠道和贫血均有一定的滋补调理作用。

水果拌豆腐

主料 嫩豆腐、番茄、猕猴桃、橘子各20克。

做法

1.嫩豆腐放入沸水锅煮5分钟，捞出沥水，压成泥；番茄、猕猴桃均洗净，去皮，切碎；橘子去皮、去核，切碎。
2.番茄、猕猴桃、橘子均加入嫩豆腐中，搅拌均匀即可。

做法支招 还可根据宝宝口味，添加其他水果或烫熟的蔬菜。橘子、番茄要切碎，不能有较大的块。

白萝卜水

主料 白萝卜75克。

做法

1.白萝卜切成小块。

2.白萝卜放入沸水内，煮沸后捞出，沥干，晾晒半天。

3.将晾晒好的萝卜放入锅中，加适量水，大火煮沸即可。

饮食宜忌 白萝卜具有通气消食的功效，但腹泻的宝宝不宜食用。

花生红枣泥

主料 带衣花生米30克，大枣50克。

做法

1.大枣入锅煮熟，捞出去核去皮；带衣花生米入锅，不放油，烘焙至熟。

2.将大枣和带衣花生米一同捣成泥即可。

做法支招 也可以将花生米放入烤箱烤熟。如果怕捣出的泥太干，也可以加入少许凉开水再捣。

空心粉沙拉

主料 空心粉、橘子、西蓝花各30克。

调料 炼乳少许。

做法

1.空心粉和西蓝花均煮熟，切碎。
2.将橘子瓣的薄皮剥掉，切成小块，加入空心粉、西蓝花拌匀，淋上炼乳即可。

营养小典 橘子含有丰富的维生素C，能促进牙龈健康。

金枪鱼沙拉

主料 金枪鱼肉30克，土豆50克，胡萝卜末、芹菜末各10克。

调料 肉汤适量。

做法

1.土豆去皮，切成丁；金枪鱼肉剁碎。
2.土豆丁、胡萝卜末、金枪鱼一起放入锅内，倒入肉汤，煮至蔬菜熟软，撒上芹菜末即可。

营养小典 金枪鱼是深海鱼类，其肉质鲜美，是非常健康的美食，这道沙拉能健脑益智，促进宝宝生长发育。

木耳黑米糊

主料 黑米50克，木耳10克。

做法

1. 黑米、木耳均洗净，用水浸泡1小时。
2. 将黑米、泡发的木耳一起放入搅拌机中，加适量水搅打成糊，倒入锅中煮沸即可。

做法支招

也可以加入适量银耳，对宝宝的成长也大有好处。

山楂枸杞水

主料 山楂25克，枸杞子5克。

做法

1. 山楂洗净，切片；枸杞子洗净。
2. 上述材料一起加入开水中冲泡10分钟即可。

营养小典

这道饮品具有开胃消食、补血安神的功效，适宜不爱吃饭的宝宝饮用。

猕猴桃奶糊

主料 猕猴桃20克，奶粉30克。

做法

1.将猕猴桃皮剥净，捣碎并过滤。

2.奶粉加适量水冲好，加入猕猴桃搅匀即可。

营养小典 猕猴桃被认为是营养密度最高的水果，每天吃两颗猕猴桃，可增强人体对食物的吸收力，改善睡眠品质。

姜韭奶香羹

主料 韭菜50克，姜5克，配方奶50毫升。

做法

1.把韭菜和姜一起洗净切碎，捣烂，用纱布挤汁。

2.放入锅内，加入配方奶，加热煮沸，趁热喝。

营养小典 此羹可帮助呕吐的宝宝有效补水。

蔬菜奶香羹

主料 卷心菜、菠菜各50克，面粉15克，配方奶100毫升。

调料 黄油少许。

做法

1. 菠菜和卷心菜炖熟并切碎。
2. 黄油入锅加热至融化，放入面粉炒至变色，加入配方奶煮沸，用勺轻轻搅动，加入切好的菠菜和卷心菜同煮片刻即可。

做法支招 加入配方奶后不要煮得太久，否则会破坏配方奶的营养成分。

玉米片奶香粥

主料 玉米片、圆白菜叶各20克，配方奶50毫升。

做法

1. 圆白菜叶洗净后放入滚水中汆烫至熟透，沥干水分，剁碎。
2. 配方奶入锅加热，放入玉米片、圆白菜泥，拌匀即可。

做法支招 圆白菜容易有农药残留，应该一片片剥下，用流动的水冲洗一会儿。

绿豆薏仁粥

主料 绿豆、薏仁各30克。

做法

1.绿豆、薏仁均洗净，清水浸泡2小时。

2.锅中倒水烧沸，放入绿豆、薏仁煮至熟烂即可。

营养小典 绿豆和薏仁等谷物除了可以提供热量，更富含膳食纤维和B族维生素，对于宝宝来说是非常棒的营养来源。

山药胡萝卜粥

主料 山药30克，胡萝卜、大米各20克。

做法

1.山药、胡萝卜均削皮洗净，切成小碎丁。

2.大米入锅，加水煮沸，加入山药丁、胡萝卜丁一起煮开，转小火续煮15分钟即可。

营养小典 山药可促进肠胃蠕动，有利于宝宝的脾胃消化吸收，还具有抗菌、增强免疫力的功能。

苹果麦片粥

主料 燕麦片30克，苹果、胡萝卜各10克，配方奶100毫升。

做法

1.苹果、胡萝卜均去皮洗净，切成碎丁。

2.将燕麦片和胡萝卜丁放入锅中，倒入配方奶，小火煮沸，加入苹果丁，煮至熟烂即可。

燕麦中的B族维生素、维生素E、烟酸、叶酸、淀粉含量都比较丰富，能促进宝宝生长发育。

南瓜薏仁粥

主料 南瓜30克，鲷鱼肉、薏仁各10克。

做法

1.薏仁、鲷鱼肉均洗净，沥干；南瓜去皮，洗净，切成小块。

2.鲷鱼肉放入锅中蒸熟，去刺，切成小块。

3.锅中倒入适量水，放入薏仁、南瓜块，熬煮成薏仁粥，煮好后放入鲷鱼肉，搅拌均匀即可。

南瓜所含的微量元素，可促进体内胰岛素的分泌而加强葡萄糖的代谢。

小米蛋花粥

主料 小米25克，配方奶50毫升，鸡蛋1个（约60克），红枣10克。

做法

1.小米淘洗干净，用清水浸泡10分钟；红枣洗净，去核；鸡蛋磕入碗中，搅成蛋液。

2.将红枣与小米一起放入锅中，加入适量水，大火煮沸，改小火继续煮至小米烂熟，淋入蛋液，煮至凝固，加入配方奶稍煮即可。

营养小典 此粥蛋白质、氨基酸、矿物质含量高，消化吸收率高，可润肠补血、健脑益智。

南瓜点心

主料 南瓜50克，配方奶30毫升。

调料 琼脂粉5克。

做法

1.南瓜洗净去皮、去子，切成小丁，入锅蒸熟，趁热压成泥。

2.锅中加琼脂粉、凉开水、配方奶和南瓜泥，用木勺边搅拌边煮至琼脂粉完全溶化，放凉，倒入盘中，放入冰箱冷藏1~2小时后取出，切成小块，或用模具做出各种形状。

营养小典 南瓜点心可补充组氨酸及多种微量元素。

海苔鸡蛋羹

主料 鸡蛋1个（约60克），海苔15克。

做法

1.鸡蛋取蛋黄，倒入碗中打散，加入等量温水搅匀，放入剪碎的海苔。

2.将鸡蛋羹加盖或者用保鲜膜覆盖，放入上汽的蒸锅中，中火蒸10分钟即可。

做法支招 蛋液要用温水调匀，冷水蒸出的蛋羹有蜂窝眼，温水和蛋液的比例是1:1左右比较合适。

鲜蘑鸡蛋羹

主料 鲜鸡腿菇、豌豆苗各15克，鸡蛋1个（约60克）。

调料 鸡汤适量。

做法

1.鸡蛋取蛋黄，入碗中打匀，加入鸡汤搅匀。

2.鲜鸡腿菇切碎，豌豆苗去根，切碎，同放入鸡蛋液中拌匀。

3.将拌匀的鸡蛋液放入蒸锅中，中火蒸10分钟即可。

营养小典 蘑菇的有效成分可增强淋巴细胞功能，提高肌体抵御各种疾病的能力。

芋头南瓜粥

主料 芋头、南瓜各50克。

调料 肉汤适量。

做法

1.芋头、南瓜均去皮，切成小块，用盐腌一下再洗净。

2.锅中倒入肉汤煮沸，放入芋头、南瓜块炖烂即可。

营养小典 芋头富含淀粉、膳食纤维、B族维生素、钾、钙、锌等，其中以膳食纤维和钾含量最多。

茯苓桂花心粥

主料 大米50克，桂花心、茯苓各2克。

做法

1.桂花心、茯苓放入锅内，加适量水，大火煮沸，转小火煮20分钟，滤渣留汁。

2.把淘洗干净的大米放入汤汁锅内，加适量清水，大火烧沸，转小火煮至米烂成粥即可。

做法支招 桂花心应选购完整、杂质少的。

鸡肉香菇粥

主料 米饭50克，鸡肉30克，鲜香菇、小白菜各10克。

调料 鸡汤适量。

做法

1.鲜香菇洗净，入锅煮熟，捞出沥干，切碎；小白菜洗净，入锅汆烫后捞出，切碎；鸡肉洗净，入锅煮熟后捞出，切丁。

2.将米饭放入鸡汤锅中煮成粥，加入小白菜、鸡丁和香菇，熬煮5分钟即可。

做法支招 因为宝宝的消化系统尚未发育健全，因此鸡肉一定要去除皮和油脂后才能喂给宝宝吃。

猪肝粥

主料 米粥200克，猪肝、菠菜叶各25克。

做法

1.菠菜叶洗净，入热水锅烫软，捞起沥干，切成小段。

2.猪肝洗净，入锅煮熟，捞出切成碎丁。

3.将猪肝放入煮好的米粥中，再煮10分钟，加入菠菜段拌匀即可。

猪肝富含铁质，铁是造血不可缺少的原料，可以帮助制造宝宝生长所需的红细胞。

蔬菜鱼肉粥

主料 净鱼肉、胡萝卜、白萝卜各30克，米饭75克。

调料 海带清汤适量。

做法

1.净鱼肉入锅炖熟，切碎；胡萝卜、白萝卜均剁碎。

2.米饭、鱼肉、胡萝卜、白萝卜同入锅中，加入海带清汤，煮至黏稠即可。

营养小典 鱼肉味道鲜美，补肾益脑，开窍利尿。尤其鱼脑，是不可多得的滋补品。

鳕鱼香菇菜粥

主料 鳕鱼30克，香菇、圆白菜叶各10克，大米粥75克。

做法

1.鳕鱼去皮、去刺，切碎。

2.香菇、圆白菜叶均切碎，入锅煮熟后捞出。

3.大米粥倒入锅中，放入鳕鱼肉煮熟，加入切碎后的香菇、圆白菜叶搅匀即可。

营养小典 鳕鱼含有优质蛋白质，且易于消化吸收，钙、磷的含量亦很多。香菇也可增强宝宝抵抗力。

青菜肉末粥

主料 大米50克，菠菜、猪瘦肉各20克。

调料 高汤适量。

做法

1. 大米淘洗干净，用水浸泡1小时；菠菜叶洗净，放入开水锅内煮软，捞出切碎；猪瘦肉洗净，剁成细泥。
2. 锅内加高汤，加入泡好的大米，大火烧开，转小火熬煮30分钟，放入菠菜末和猪肉末，边煮边搅拌，煮5分钟即可。

做法支招 菠菜中含有草酸，直接食用后会在人体内与钙结合，形成不易吸收的草酸钙，因此必须先焯水去除草酸。

炒面糊

主料 大米、大麦、黏米、大豆各30克。

做法

1. 大米、大麦、黏米、大豆洗净，清水浸泡30分钟，沥干，放入蒸锅蒸20分钟。
2. 蒸好的食材在阳光下晾干。
3. 将晾干的食材入锅炒熟，盛出凉凉，磨成粉，加入熟芝麻，制成炒面。
4. 食用时取适量炒面，用40℃的温开水冲开搅匀即可。

若在炒面原料中加入绿豆、芝麻等，并用配方奶替水喂食，则更有营养。

橙汁土司

主料 厚土司50克，蛋黄1个，配方奶30毫升，橙汁适量。

做法

1. 厚土司切成小块，放入烤盒中。
2. 将蛋黄与配方奶倒入土司中，翻拌均匀。
3. 将烤盒放入烤箱中，烤约3分钟后，取出烤盒，淋上橙汁即可。

营养小典 橙汁可以弥补母乳、配方奶内维生素C的不足，增强宝宝的抵抗力，促进宝宝的生长发育，预防坏血病的发生。

蒸布丁

主料 鸡蛋2个（约120克），配方奶100毫升。

做法

1. 鸡蛋取蛋黄，加少许糖，用打蛋器搅匀。
2. 蛋液中加入配方奶拌匀，轻轻倒入小蒸碗中。
3. 蒸锅倒水烧沸，放入蒸碗，小火蒸40分钟即可。

营养小典 蒸布丁口感绵密，发出淡淡蛋奶香味，能促进宝宝食欲，并且容易吞咽消化。

面包布丁

主料 面包30克，鸡蛋半个（约30克），配方奶100毫升。

调料 食用油少许。

做法

1.鸡蛋磕入碗中，搅成蛋液；面包切成小块，与配方奶、蛋液混合均匀。

2.在碗内涂上食用油，把上述混合物倒入碗里，放入蒸锅内，中火蒸8分钟即可。

蒸的时候火不宜过大，否则容易蒸老，影响口感。 做法支招

金枪鱼薯饼

主料 土豆50克，面粉10克，鸡蛋1个（约60克），金枪鱼肉20克。

调料 食用油少许。

做法

1.土豆去皮，入锅蒸熟，取出捣成泥状；金枪鱼肉入锅蒸熟后取出。

2.鸡蛋取蛋黄，与面粉一同倒入土豆泥中拌匀。

3.平底锅刷少许油烧热，用汤匙舀取土豆泥放入锅中，两面煎熟后盛出，加上金枪鱼一同给宝宝食用即可。

金枪鱼富含优质蛋白质，相对于畜肉，脂肪含量较少，热量也较低。 营养小典

香煎土豆饼

主料 土豆、西蓝花各50克，面粉75克，配方奶25毫升。

调料 食用油适量。

做法

1.土豆去皮洗净，用擦菜板擦碎；西蓝花用开水汆烫。

2.将土豆、西蓝花、面粉、配方奶和在一起，搅匀。

3.锅置火上，倒油烧热，倒入拌好的原料，煎成饼即可。

营养小典 若宝宝消化不良，可常食土豆，因为土豆富含膳食纤维，对缓解消化不良有一定效果。

煎饼

主料 鸡蛋1个(约60克)，配方奶50克，面粉适量。

调料 番茄酱少许，食用油适量。

做法

1.鸡蛋、配方奶、面粉和匀成面糊。

2.平底锅倒油烧热，放入面糊烙成煎饼，盛出稍凉，用少许番茄酱在上面画上笑脸即可。

营养小典 这道煎饼好吃又好看，一定能引起宝宝的食欲。

胡萝卜菜花

主料 胡萝卜、菜花各50克，配方奶30毫升。

做法

1.菜花洗净，分成小朵，入沸水锅汆烫后捞出，切成小块；胡萝卜去皮洗净，切小丁。

2.另锅倒入配方奶，放入菜花、胡萝卜丁，煮至熟烂即可。

做法支招 菜花要切成适合宝宝入口的小块，宝宝吃起来才方便。

鱼肉果汁羹

主料 鲜榨果汁50毫升，鱼肉75克。

调料 水淀粉少许。

做法

1.鱼肉去骨、去刺，切碎，放入碗中，加适量水，入蒸锅大火蒸10分钟，加入果汁，继续蒸5分钟。

2.待锅中鱼肉蒸熟，倒入少许水淀粉勾芡即可。

营养小典 此道菜富含蛋白质、脂肪、维生素、矿物质，是宝宝补脑益智的佳肴。

玉米滑蛋

主料 鸡蛋2个（约120克），玉米粒30克。

调料 淀粉少许，食用油适量。

做法

1.鸡蛋取蛋黄，倒入碗中打成蛋液，加入少许淀粉拌匀；玉米粒切成末。

2.锅中倒油烧热，炒香玉米粒，加入蛋液拌炒均匀即可。

营养小典 玉米中所含的胡萝卜素、维生素E等为脂溶性维生素，加油烹煮帮助吸收，更能发挥其保健效果。

萝卜糕炒蛋

主料 萝卜糕50克，鸡蛋1个（约60克）。

调料 食用油少许。

做法

1.萝卜糕切小块，入锅蒸熟，盛出；鸡蛋取蛋黄，倒入碗中打匀。

2.锅中倒入少许油烧热，倒入蛋液，待蛋液半熟时，放入萝卜糕和蛋一起拌炒，至蛋全熟即可。

营养小典 萝卜糕是在米粉浆中加入腌制好的萝卜丝等材料，上蒸笼蒸制而成的糕点小吃，质地柔软，味道鲜美，开胃健脾。

鸡蛋玉米羹

主料 鸡蛋1个（约60克），玉米粒、胡萝卜、梨各20克。

调料 水淀粉少许。

做法

1. 鸡蛋取蛋黄打散；胡萝卜、梨均去皮切末；玉米粒放入搅拌机中打碎成泥。
2. 净锅点火加清水，淋入蛋黄液，撒入胡萝卜末、梨末、碎玉米泥，淋入少量水淀粉，煮沸即可。

营养小典 蛋黄中含有叶黄素和玉米黄素，这两种营养成分对宝宝眼睛的健康发育有好处。

鲜虾肉泥

主料 鲜虾肉50克。

调料 香油少许。

做法

1. 鲜虾肉洗净，剁碎，放入碗内，加少许水，上笼蒸熟，取出稍凉。
2. 在虾肉中加入少许香油,搅匀即可。

营养小典 虾泥软烂、鲜香，含有多种人体必需氨基酸及不饱和脂肪酸，是宝宝极佳的健脑食品。

奶香红薯泥

主料 红薯75克，配方奶50毫升。

做法

1.红薯削皮，入锅蒸熟，取出稍凉，用汤匙压成泥。

2.红薯泥中加入配方奶调匀即可。

做法支招 也可以将配方奶换成果汁、豆浆等。宝宝一岁以后，还可以用蜂蜜水、酸奶调和。

熟肉末

主料 猪瘦肉75克。

做法

1.猪瘦肉洗净。

2.锅里倒水，把整块瘦肉放到锅里煮2小时，直到肉块熟烂，捞出沥干，剁成碎末即可。

营养小典 猪瘦肉含有丰富的蛋白质、脂肪、铁、磷、钾、钠等矿物质，能给宝宝补充生长发育所需要的营养，并预防贫血。

蘑菇丸

主料 蘑菇50克，面粉15克。

做法

1.蘑菇洗净煮熟。

2.将煮熟的蘑菇剁成泥状，拌入面粉和水，搅拌成面团。

3.将蘑菇面团握成小丸子形状，上笼蒸15分钟即可。

做法支招

面粉不要调得太稀，以免捏不成丸子。

鸡肉香菇蛋卷

主料 鸡蛋2个（约120克），鸡胸肉、水发香菇各30克。

做法

1.鸡蛋取蛋黄，入碗中打匀，下锅摊成蛋皮；鸡胸肉洗净，入锅煮熟，捞出放凉，剁碎；水发香菇洗净，切碎。

2.将蛋皮切成长条，放上鸡肉末、香菇末。

3.将蛋皮卷成蛋卷，放入盘内，在沸水锅中蒸5分钟即可。

营养小典

鸡蛋和鸡肉含丰富的优质蛋白质，香菇含大量B族维生素和香菇多糖，能增强宝宝抵抗力。

肉末豆花

主料 豆花50克，肉末、小白菜各20克。

做法

1.小白菜洗净切丝，豆花放入沸水蒸锅蒸5分钟。

2.锅中倒水烧沸，放入肉末、小白菜煮熟，放入豆花煮5分钟即可。

营养小典 豆花营养丰富，有“植物肉”之称。它比豆浆更易消化，其蛋白的消化率在95%左右，比其他豆制品均高。

苋菜银鱼羹

主料 苋菜50克，银鱼15克。

调料 水淀粉少许。

做法

1.将苋菜洗净，切成细末；银鱼漂洗干净。

2.锅中倒水，放入苋菜末、银鱼，大火煮沸，转小火煮3分钟，用水淀粉勾芡即可。

营养小典 苋菜的铁含量为菠菜的2倍，可以促进凝血，增加血红蛋白含量和携氧能力，也可以增强造血功能。

茄子汤

主料 茄子50克。

调料 海带清汤适量。

做法

1.茄子洗净，用微波炉烤3分钟，取出去皮，捣碎。

2.锅中倒入海带清汤，放入茄子泥煮烂即可。

茄子汤可以增强宝宝的食欲。

营养小典

缤纷蔬菜汤

主料 卷心菜、胡萝卜、西蓝花各50克。

调料 海带清汤适量。

做法

1.胡萝卜、卷心菜、西蓝花均洗净，切碎。

2.锅中倒入海带清汤，放入所有蔬菜，煮至熟烂即可。

蔬菜汤喝到体内，会产生多种生物化学作用，使宝宝免疫力增强。

填馅圣女果

主料 圣女果50克，熟土豆泥、熟蛋黄各30克，西芹末10克，奶酪少许。

做法

1.奶酪捣碎;圣女果洗净，切去上端，去子挖空，摆入盘中。

2.将熟土豆泥、熟蛋黄、西芹末、奶酪,搅拌均匀,填入圣女果中即成。

营养小典 促进儿童骨骼、牙齿的生长发育，促进身体长高。

鳄梨奶糊

主料 鳄梨50克，配方奶50毫升。

做法

1.将鳄梨果肉放入搅拌器，开低速打碎，慢慢加入配方奶打匀。

2.倒出鳄梨奶糊,再入锅稍加热即可。

营养小典 鳄梨果实富含多种维生素、食用植物纤维，为高能低糖水果。

核桃花生奶

主料 花生、核桃各30克，配方奶100毫升。

做法

1.花生、核桃洗净，炒熟，去皮磨成细粉。

2.将花生粉、核桃粉放入配方奶中搅拌均匀即可。

营养小典

健脑益智，促进宝宝生长发育。

栗桂粳米粥

主料 栗子、桂圆各20克，粳米50克。

做法

1.在栗子皮上轻轻切个十字口，入水稍煮，捞出去皮，切成小块；桂圆去壳取肉；粳米淘洗干净。

2.净锅置火上，加适量清水烧开，下入粳米及栗子块，旺火烧开，小火熬煮至将熟，放入桂圆肉，煮成粥即可。

养心补血、健脾益气。栗子含有核黄素，常吃栗子对日久难愈的小儿口舌生疮有益。

芝麻糊

主料 黑芝麻20克，黑米、糯米各30克。

做法

1.黑芝麻、黑米、糯米均洗净，入锅炒熟，碾碎成粉末。

2.锅中倒入适量水，放入3种主料，慢火煮至黏稠即成，也可沸水冲调。

做法支招 可根据宝宝喜好加入小米、薏米、玉米、黑豆、红豆等五谷杂粮。

奶香花生糊

主料 去皮花生50克，配方奶50毫升。

做法

1.将花生放入搅拌机中，加工成粉末状。

2.锅中倒入少许水，倒入花生粉煮至黏稠，倒入配方奶，稍煮即可。

做法支招 也可加入黑芝麻，令其营养更加丰富。

Part 4

1~3岁 宝宝健康成长餐

营养均衡餐

冰糖莲子

主料 莲子150克，橘子、熟豌豆、樱桃、龙眼肉各15克。

调料 冰糖适量。

做法

1.莲子用温水泡发，去莲芯。

2.莲子放入砂锅中，加适量水慢煨1小时，加冰糖、熟豌豆、龙眼肉续煨5分钟，撒上橘瓣、樱桃即成。

营养小典 莲子营养十分丰富，除含有大量淀粉外，还含有β-谷甾醇、生物碱及丰富的钙、磷、铁等矿物质和维生素。

油渍鲜蘑

主料 鲜蘑菇150克。

调料 精盐、食用油各适量。

做法

1.鲜蘑菇清洗干净，沥干水分。

2.锅内倒油烧至八成热，将洗好的鲜蘑菇放入锅内烧至熟透，加入精盐，转小火烧10分钟，趁热将蘑菇连同油一起倒入干净的容器内，使蘑菇浸泡在油中，凉凉后，将蘑菇捞出装入干净的广口瓶中密封，放入冰箱一日即可。

营养小典 提高免疫力，增强体质。

蔬菜小杂炒

主料 土豆、平菇、胡萝卜、水发木耳、山药各50克。

调料 精盐、水淀粉、香油、食用油各适量。

做法

1.水发木耳撕成小朵;其余原料切片。

2.锅中倒油烧热，放入胡萝卜片、土豆片、山药片，煸炒片刻，加入适量水，烧开后，加入平菇片、木耳和少许盐，烧至原料酥烂，加少许味精，用水淀粉勾芡，淋上少许香油即成。

做法支招 利用宝宝这一时期好奇心很强的特点，把不爱吃的蔬菜混合在一起，做出色泽鲜艳的饭菜，可以增强宝宝食欲。

茭白金针菇

主料 茭白、金针菇各100克，木耳50克，红椒丝少许。

调料 姜丝、香菜段、精盐、白糖、醋、香油、食用油各适量。

做法

1.茭白去壳，切丝，入沸水锅焯烫片刻，捞出；金针菇入沸水锅焯烫片刻，捞出；木耳泡发，洗净切丝。

2.炒锅倒油烧热，放入姜丝爆香，放入茭白、金针菇、木耳炒匀，加精盐、白糖、醋、香油调味，放入香菜段、红椒丝即可。

营养小典 此菜富含维生素及纤维素，可降低血液酸度，提高免疫力，尤其适合营养不良的儿童食用。

清炒甜豆

主料 甜豆200克。

调料 葱姜末、精盐、料酒、高汤、水淀粉、食用油各适量。

做法

1.甜豆掐去筋，投入沸水锅焯烫片刻，捞出沥水。

2.炒锅倒油烧热，放入葱姜末爆香，放入甜豆、精盐、料酒和少许水，颠翻炒匀，用水淀粉勾芡，出锅装盘即可。

营养小典 甜豆对增强人体新陈代谢功能有十分重要的作用，富含钙、维生素A、胡萝卜素、钾以及人体需要的各种氨基酸。

芦笋扒冬瓜

主料 芦笋、冬瓜各100克。

调料 葱末、姜丝、精盐、水淀粉各适量。

做法

1.芦笋去皮洗净，切丁；冬瓜去皮、去瓤，洗净切丁；二者同入沸水中焯一下，捞出过凉。

2.芦笋、冬瓜、精盐、葱末、姜丝一起放入锅中，加适量水，煨炖20分钟，加入水淀粉勾芡即可。

营养小典 清热解毒，提高免疫力。

春日合菜

主料 豆芽、菠菜各75克，粉丝50克，鸡蛋1个(约60克)。

调料 精盐、葱段、香油、食用油各适量。

做法

1.豆芽掐去两头；菠菜切段，放入沸水锅烫熟;粉丝用开水泡软,切段。

2.鸡蛋磕入碗中打散,加精盐搅匀,下热油锅炒至凝固，盛出。

3.炒锅倒油烧热，放入葱段、豆芽略炒，放入粉丝、菠菜、鸡蛋块，加精盐炒匀，淋入香油即成。

做法支招 豆芽用白醋水泡，可以去除豆腥味，还可以使炒出的豆芽口感脆，水分饱满，不塌秧。

鱼味蛋饼

主料 鸡蛋3个(约180克)，猪肉50克。

调料 葱花、蒜末、番茄酱、精盐、白糖、米醋、水淀粉、食用油各适量。

做法

1.鸡蛋磕入碗中，加入精盐打散；猪肉切粒。

2.锅中倒油烧热，倒入鸡蛋摊成饼状，煎至两面金黄，盛出。

3.另锅倒油烧热，放入葱花、蒜末煸香，放入番茄酱翻炒至出红油，放入肉粒煸炒片刻，加精盐、白糖炒至肉粒熟，淋少许米醋，用水淀粉勾芡，淋在蛋饼上即可。

营养小典 色泽红亮，甜酸可口。

肉末蛋羹

主料 鸡蛋2个(约120克)，肉末100克。

调料 青蒜段、葱花、酱油、精盐、白糖、食用油各适量。

做法

1.鸡蛋磕入碗中，加精盐搅匀，倒入平底盘内，放入蒸锅，大火蒸8分钟,取出,用刀将蒸熟的蛋糕划块。

2.锅中倒油烧热，放入葱花爆香，放入肉末炒散，加入青蒜段、蛋块炒匀，调入酱油、白糖、精盐，翻炒均匀即可。

营养小典 肉末中含有丰富的蛋白质、维生素和矿物质，能为宝宝提供更多的营养。

烂糊肉丝

主料 瘦猪肉、白菜各100克，虾皮20克。

调料 精盐、高汤、水淀粉、料酒、食用油各适量。

做法

1.白菜切丝;瘦猪肉切丝,放入盆内,加入水淀粉、精盐抓匀上浆，用热锅温油滑散后捞出。

2.锅中倒油烧热，放入白菜丝、虾皮煸炒，放入盐，加入高汤焖煮片刻,放入肉丝拌匀,加入料酒、精盐,淋入水淀粉，搅拌几下即成。

营养小典 白菜中含有丰富的维生素C、维生素E，多吃白菜，对宝宝身体大有益处。

香菠咕咾肉

主料 猪里脊肉200克，菠萝50克，青椒、红椒各10克，鸡蛋1个（约60克）。

调料 精盐、料酒、水淀粉、番茄酱、白糖、白醋、食用油各适量。

做法

1.猪里脊肉切块，加精盐、味精、料酒腌15分钟，磕入鸡蛋，倒入淀粉抓匀；菠萝、青椒、红椒均切片。

2.锅中倒油烧热，放入猪肉块炸至金黄色捞出。

3.锅留底油烧热，加入番茄酱、清水、精盐、白糖、白醋，用水淀粉勾芡，放入肉块、菠萝、青椒、红椒，炒匀即成。

做法支招 菠萝要先用淡盐水浸20分钟。

苦瓜排骨汤

主料 苦瓜200克，赤小豆100克，排骨500克。

调料 姜块、精盐各适量。

做法

1.苦瓜去瓤去核，洗净切块；赤小豆洗净，浸泡2小时；排骨洗净剁块，放入沸水锅汆烫后捞出；姜块洗净，拍松。

2.苦瓜、赤小豆、排骨、姜块一起放入砂锅内，加入适量清水，大火煮沸后再用小火煮1小时，加入精盐调味即可。

营养小典 苦瓜味苦、性寒，有除邪热、解疲乏、清心聪耳明目、润泽肌肤、强身的作用。

羊肉粉皮汤

主料 羊肉150克，水发粉皮50克。

调料 姜块、葱段、精盐、料酒各适量。

做法

1.羊肉剁成小段，焯水后洗净；水发粉皮切成块。

2.砂锅中放入羊肉块和水，加入料酒、姜块、葱段，煮沸后撇去浮沫，加盖炖1.5小时至羊肉熟烂，再加入粉皮炖10分钟，加精盐调味即可。

营养小典 羊肉肉质较细嫩，易消化，高蛋白、低脂肪，是冬季防寒温补的美味之一，可收到进补和防寒的双重效果。

胡萝卜兔丁

主料 胡萝卜、兔肉各150克。

调料 精盐、酱油、料酒、食用油各适量。

做法

1.兔肉、胡萝卜均洗净，切丁。

2.炒锅点火，倒油烧热，下兔肉翻炒片刻，加入精盐、胡萝卜丁，烹入料酒、酱油，加少许水，焖至兔肉熟即可。

营养小典 胡萝卜的营养及药用价值都很高，与兔肉成菜同食，营养丰富，是滋补佳肴。

茄汁鸡块

主料 鸡肉200克，黄瓜、番茄各50克，鸡蛋1个（约60克）。

调料 高汤番茄酱、精盐、白糖、料酒、淀粉、食用油各适量。

做法

1.鸡肉切块，加精盐、淀粉，磕入鸡蛋，拌匀腌制10分钟；番茄用沸水烫去皮，切块；黄瓜切丁；番茄酱、高汤、白糖加入碗中，调成味汁。

2.锅中倒油烧热，放入鸡块煎至金黄色，盛出。

3.锅留底油烧热，放入鸡块、番茄块、黄瓜丁，烹少许料酒，加调味汁炒匀即成。

做法支招 最好用鸡胸肉做这道菜。

凤脯炒山药

主料 山药、鸡胸肉各100克，彩椒50克，鸡蛋1个（约60克），水发木耳10克。

调料 葱姜末、精盐、白糖、料酒、柠檬汁、淀粉、食用油各适量。

做法

1.鸡胸肉切片，加入鸡蛋、水、精盐、淀粉拌匀上浆；山药去皮洗净，切片；彩椒切块；水发木耳撕成小朵。

2.锅中倒油烧热，放入葱姜末爆香，放入鸡片滑熟，再放入山药、彩椒、木耳翻炒均匀，加入料酒、柠檬汁、水、精盐、白糖烧开，用水淀粉勾芡，炒匀即可。

营养小典 增强免疫力，促进生长发育。

三杯仔鸡

主料 净仔鸡1只（约600克）。

调料 葱花、姜片、甜米酒、酱油、香油、食用油各适量。

做法

1.净仔鸡切块，放入砂锅内。

2.葱花、姜片、食用油、酱油、甜米酒也一起放入砂锅中，大火烧沸，转小火炖20分钟，待汤汁收干，淋少许香油即成。

营养小典 仔鸡的鸡肉占体重的60%左右，含有丰富的蛋白质和磷、钙等营养素，所以仔鸡的肉营养价值更高。

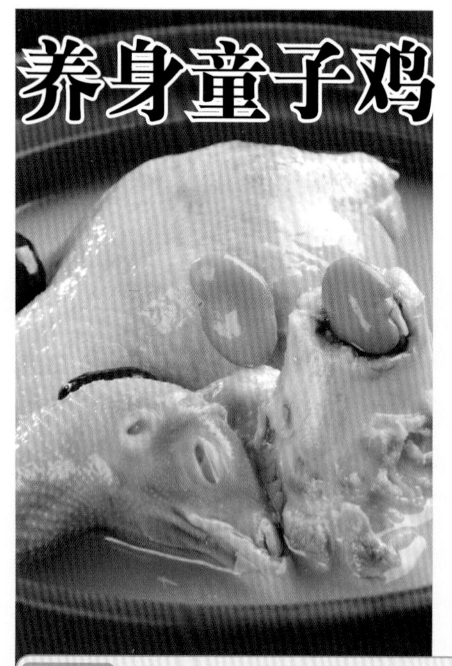

养身童子鸡

主料 净仔鸡600克，猪腿骨200克，红枣、蚕豆各15克。

调料 姜片、精盐、味精、清汤、食用油各适量。

做法

1.猪腿骨洗净；用刀背在童子鸡上砍几刀，使整鸡骨架断开。

2.锅中倒油烧热，放入姜片炒香，加入猪腿骨、清汤、红枣、蚕豆烧开，加少许盐，改小火煨至蚕豆半熟，放入仔鸡，煨至鸡肉熟烂，加精盐、味精调味即成。

营养小典 仔鸡肉更容易被人体的消化器官所吸收，有强壮身体的作用。

馄饨鸭

主料 净嫩鸭1只(约800克)，猪肉馄饨10个。

调料 葱段、姜片、精盐、料酒、香油各适量。

做法

1.净嫩鸭放入沸水锅汆烫片刻，放入清水中洗净。

2.将嫩鸭放入砂锅中，加葱段、姜片、料酒和适量水，大火烧沸，盖上盖，转小火焖烧2小时，待鸭子酥烂后，将鸭子翻身，加精盐烧沸，放入馄饨，煮至馄饨熟，淋香油即成。

营养小典 鸭肉中富含不饱和脂肪酸，易于消化，所含B族维生素和维生素E较其他肉类多。

卤鸭心

主料 鸭心200克，苦菊50克。

调料 葱段、姜块、桂皮、八角茴香、精盐、酱油、料酒、白糖各适量。

做法

1.苦菊洗净，垫在碗底；鸭心洗净，入沸水锅焯去血水，捞出洗净。

2.锅内放清水，投入鸭心、葱段、姜块、料酒、酱油、精盐、白糖、桂皮、八角茴香，大火烧沸，转小火继续焖烧至鸭心熟透，捞出冷却后装在苦菊碗中即可。

营养小典 此菜营养丰富，其中蛋白质、微量元素和维生素的含量都较高，老少皆宜。

炒黑鱼片

主料 黑鱼1条（约1000克），黄瓜片、水发木耳各15克。

调料 葱花、姜末、精盐、料酒、醋、水淀粉、食用油各适量。

做法

1.将黑鱼宰杀洗净，取下净鱼肉，斜刀片成厚片，放入碗中，加精盐、料酒、水淀粉拌匀上浆。

2.锅中倒油烧热，放入葱花、姜末炒香，投入鱼片滑熟，放入黄瓜片、水发木耳和精盐、料酒，炒匀后用水淀粉勾芡，淋少许醋即可。

营养小典 黑鱼营养价值很高，富含蛋白质、脂肪，并含有人体不可缺少的磷、钙、铁和多种维生素。

银鱼炒蛋

主料 银鱼肉100克，鸡蛋2个（约120克），韭菜15克。

调料 精盐、料酒、食用油各适量。

做法

1.银鱼肉洗净，沥干水分，加入料酒、精盐拌匀；韭菜洗净，切碎；鸡蛋磕入碗中，加精盐、韭菜搅匀。

2.炒锅倒油烧热，放入银鱼炒熟，淋入打匀的蛋液，翻炒均匀，加入料酒，煸炒片刻，出锅装盘即可。

营养小典 银鱼富含蛋白质、钙、磷、铁、维生素等营养物质，脂肪含量较低，刺少无鳞，适合宝宝食用。

黄鱼小馅饼

主料 净黄鱼肉100克，牛奶50克，玉米面、洋葱各20克。

调料 精盐、淀粉、食用油各适量。

做法

1.净黄鱼肉剁成泥；洋葱去皮切末。

2.鱼泥放入碗内，加入玉米面、洋葱末、牛奶、精盐、淀粉拌匀成鱼肉馅。

3.平锅置火上，倒油烧热，把鱼肉馅制成小圆饼放入锅内，煎至两面呈金黄色即可。

做法支招 鱼饼中要加些谷物（小米面、玉米粉），否则煎时易碎。

赛螃蟹

主料 鸡蛋2个（约120克），鲜鱼肉150克。

调料 精盐、料酒、白醋、水淀粉、高汤、食用油各适量。

做法

1.一个鸡蛋磕入盆中打散，另一个取蛋清；鲜鱼肉去骨、去刺，切成丁，加入少许料酒、精盐抓匀，加入鸡蛋清、水淀粉抓匀上浆。

2.锅中倒油烧热，放入鱼肉滑熟，捞出沥油，放入鸡蛋盆内。

3.锅留底油烧热，放入鸡蛋液、鱼肉，煸炒至成形，加入高汤，小火炖至收汤，淋入白醋即可。

营养小典 入口滑嫩，增强宝宝食欲。

凉瓜鳕鱼丁

主料 苦瓜、鳕鱼肉各100克，彩椒20克，鸡蛋清1个。

调料 葱姜丝、精盐、料酒、胡椒粉、水淀粉、食用油各适量。

做法

1.苦瓜洗净，去瓤切块；彩椒洗净，去籽切块；鳕鱼肉切丁，加鸡蛋清、精盐、水淀粉抓匀上浆。

2.炒锅倒油烧热，放入鱼丁，滑熟，捞出沥油，再放入苦瓜、彩椒滑油片刻，倒出沥油。

3.锅留底油烧热，放入葱姜丝爆香，加入鱼丁、苦瓜、彩椒、料酒、精盐、胡椒粉翻炒片刻，用水淀粉勾芡即可。

做法支招 滑油时要掌握好温度，以免粘连。

奶油烤鳕鱼

主料 鳕鱼150克，胡萝卜、洋葱各15克。

调料 奶油、精盐各适量。

做法

1.鳕鱼洗净，沥干，放在烤盘上。

2.洋葱、胡萝卜均洗净沥干，切末。

3.将洋葱、胡萝卜混合拌匀，与调料一起铺在鳕鱼身上，再放入已预热的烤箱中，以180℃上下火烤约15分钟即可。

营养小典 鳕鱼鱼脂中含有儿童发育所必需的各种氨基酸、不饱和脂肪酸和钙、磷、铁、B族维生素等。

蟹黄熘豆腐

主料 豆腐200克，蟹黄20克。

调料 姜末、精盐、料酒、胡椒粉、醋、水淀粉、食用油各适量。

做法

1.豆腐切长方块。

2.锅中倒油烧热，放入豆腐炸至呈金黄色，捞出沥油。

3.锅留底油烧热，放姜末、蟹黄爆香，煸出黄油时，放料酒、精盐、胡椒粉和适量水，倒入豆腐烧开，小火焖至入味，用水淀粉勾芡即可。

做法支招 海鲜及豆腐均含丰富蛋白质，且脂肪含量低，经常食用有益于健康。

番茄羊肉炖饭

主料 菠菜叶、番茄各15克，羊肉馅50克，米饭100克。

做法

1.菠菜叶洗净，入锅汆烫后捞出，切成末；番茄洗净去皮，切小块。

2.将米饭放入炖锅中，加一碗水，放入羊肉馅、番茄煮烂，加入菠菜末拌匀，盛出即可。

营养小典 羊肉含有蛋白质、脂肪、糖类、维生素A、维生素B_1、维生素B_2、烟酸和钙、磷、铁等营养素。

玉米烤饭

主料 米饭100克，青椒、玉米、番茄各20克，芝麻、奶酪各少许。

调料 食用油适量。

做法

1.将米饭与芝麻拌匀，分成2个小饭团，压平；奶酪擦成细丝。

2.青椒、番茄均洗净，用沸水焯烫后捞出，切成末。

3.平底锅抹匀油，放入饭团略煎后盛出，再放入青椒、番茄、玉米翻炒片刻，盛出撒在饭团上，放上奶酪丝即可。

营养小典 颜色鲜艳，营养丰富，增强宝宝食欲。

叉烧炒蛋饭

主料 鸡蛋1个（约60克），叉烧肉50克，米饭100克。

调料 葱末、香菜、精盐、胡椒粉、食用油各适量。

做法

1.叉烧肉切丁；鸡蛋磕入碗内，加入精盐、胡椒粉搅匀；香菜切末。

2.锅中倒油烧热，放入叉烧肉爆炒片刻，盛出。

3.锅留底油烧热，放入葱末爆香，倒入鸡蛋液炒至凝固，加入米饭、叉烧肉，小火翻炒至米饭开始跳起，撒香菜末即可。

做法支招 叉烧肉已有咸味，所以应少加盐。

宝宝小饭团

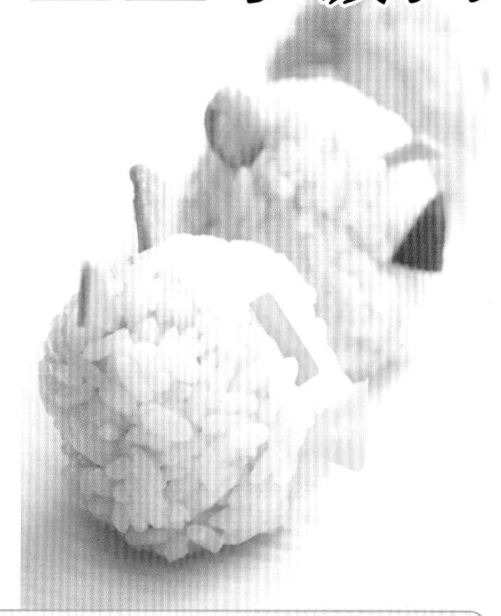

主料 大米100克，胡萝卜、彩椒各10克。

调料 高汤、香油各适量。

做法

1.大米淘洗干净，倒入高汤，加适量水用电饭锅蒸熟；胡萝卜、彩椒均洗净，切成小片。

2.蒸熟的米饭放凉，加少许香油拌匀，做成丸子形，用胡萝卜、彩椒摆饰做成耳朵、鼻子、嘴巴，变成可爱的小老鼠饭团即可。

主食类是增加热量最健康的方法，将米饭做造型的变化，让宝宝更爱吃。 做法支招

粳米大枣粥

主料 粳米50克，大枣10克。

做法

1.大枣洗净去核；粳米淘洗干净。

2.锅中倒入适量水，放入粳米、大枣，一起熬成粥即可。

粳米中的蛋白质、脂肪、维生素含量都比较多，是宝宝成长不可缺少的主食之一。 营养小典

清凉苦瓜粥

主料 粳米50克，苦瓜15克。

调料 精盐、冰糖各适量。

做法

1.苦瓜去籽、去瓤，切块，用盐水浸泡30分钟；粳米淘洗干净。

2.锅中倒水烧沸，放入粳米、苦瓜，煮至半熟时加入冰糖，煮至粥熟即可。

营养小典 苦瓜具有清热祛暑、明目解毒、降压降糖、利尿凉血等功效。

蔬菜牛肉粥

主料 牛肉、米饭各50克，菠菜20克，土豆、胡萝卜、洋葱各10克。

调料 精盐适量，肉汤1碗。

做法

1.牛肉切碎；菠菜、胡萝卜、洋葱、土豆洗净，入锅炖熟，盛出捣碎。

2.米饭、蔬菜和肉末放入锅中，加入肉汤煮熟，加精盐调味即可。

营养小典 牛肉含有丰富的蛋白质，氨基酸组成比猪肉更接近人体需要，能提高肌体抗病能力，适宜宝宝生长发育。

鹌鹑汤粥

主料 大米50克，净鹌鹑1只（约300克）。

调料 精盐适量。

做法

1.净鹌鹑去皮，切大块，加精盐拌匀腌制30分钟，放入煲汤袋内，扎紧袋口。

2.大米淘洗干净，清水浸泡1小时，将大米连同浸米水倒入锅中煮沸，加入装有鹌鹑的煲汤袋，煮沸后改小火煲45分钟，熄火后闷5分钟即可。

营养小典

鹌鹑肉营养价值高，有“动物人参”的美称，含有丰富的蛋白质、脂肪和维生素等，非常适合宝宝食用。

薏仁鱼片粥

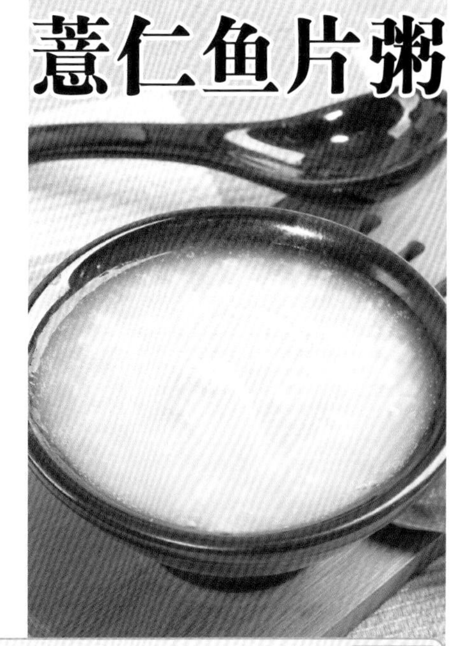

主料 大米50克，净鱼片30克，薏仁20克。

调料 精盐适量。

做法

1.大米、薏仁均淘洗干净。

2.锅中倒入适量水，放入大米、薏仁熬粥，煮至粥将熟，放入鱼片，加精盐调味即可。

饮食宜忌

薏仁性寒，脾胃不好的儿童不宜多食。

银鱼蛋花粥

主料 米饭50克，银鱼20克，鸡蛋黄半个。

调料 精盐适量。

做法

1.银鱼放入沸水锅汆烫片刻，捞出沥水；鸡蛋黄打散。

2.锅中倒入适量水，放入米饭煮烂，加入银鱼煮5分钟，加精盐调味，淋入蛋黄液，煮沸即可。

营养小典 这道粥清淡鲜香，适宜为宝宝补充蛋白质。

三色元宝水饺

主料 豆干25克，西葫芦100克，虾皮10克，三色水饺皮适量。

调料 精盐、食用油各适量。

做法

1.豆干切成丝；西葫芦去皮擦成丝。

2.锅中倒油烧热，放入虾皮炒香，再加入豆干翻炒片刻，放入西葫芦炒匀，加精盐调味后盛出。

3.水饺皮包入炒好的馅料，放入沸水锅煮至浮起即可。

做法支招 三色水饺皮是普通饺子皮和用胡萝卜汁、菠菜汁和面擀出的饺子皮。三色水饺皮可以增强孩子的食欲。

鱼肉水饺

主料 鲜净鱼肉150克，肥肉、韭菜各15克，面粉适量。

调料 精盐、酱油、料酒、鸡汤、香油各适量。

做法

1.净鱼肉和肥肉一起切碎剁成肉末，加入鸡汤搅匀，再加入精盐、酱油、韭菜末、香油、料酒拌匀成馅料。

2.面粉用温水和成面团，包入馅料，做成小水饺。

3.将水饺入锅煮熟，捞起即可。

做法支招 饺子可以做成不同的形状，引起宝宝的兴趣和胃口。

绿豆糕

主料 绿豆、面粉各300克，绿豆粉100克，鸡蛋2个，牛奶100毫升。

调料 黄油、精盐、白糖、食用小苏打各适量。

做法

1.绿豆淘洗干净，加水浸泡2小时，入锅蒸1小时，取出，捣成泥，凉凉，加入牛奶、黄油、精盐、白糖、鸡蛋液、面粉、绿豆粉、小苏打搅拌均匀。

2.将绿豆面团放入模具摆出造型，放入预热好的烤箱，以180℃上下火烤10分钟即可。

做法支招 绿豆煮得烂一点会更容易捣碎。

麻香紫薯球

主料 紫薯100克，糯米粉50克，芝麻20克，牛奶50毫升。

调料 食用油适量。

做法

1.紫薯去皮切片，入锅蒸熟后压成泥，加入糯米粉和牛奶，和成光滑的面团。

2.把面团搓圆，做成多个薯球，滚匀芝麻。

3.锅中倒油烧热，放入芝麻薯球炸熟即可。

营养小典 紫薯富含花青素，花青素可有效清除人体内自由基，强身健体。

米香黑糖饼干

主料 低筋面粉100克，炸米香30克。

调料 橄榄油20克，红糖5克。

做法

1.烤箱预热温度至170℃。

2.取盆将橄榄油、红糖搅拌均匀，加入过筛的面粉、炸米香拌匀。

3.用手拿取一小团面团搓圆，放置烤盘上压成圆饼，间隔排列，放入烤箱中间，上下火烘焙15分钟左右即可。

做法支招 红糖是没有经过高度精炼、脱色的蔗糖，其营养成分保留较好。炸米香是将熟米饭凉凉后入油锅炸脆制成的。

燕麦饼干

主料 低筋面粉100克，燕麦、葡萄干各15克，鸡蛋黄1个。

调料 无盐奶油30克，红糖5克。

做法

1.烤箱预热温度至170℃。

2.无盐奶油用打蛋器搅打至呈乳霜状态，加入红糖打至尾端呈羽绒状，加入鸡蛋黄搅拌均匀。

3.将过筛的面粉分两次放入，搅拌均匀，揉至面团较软但不黏手，加入燕麦混合均匀。

4.用汤匙舀起约一匙，另一手用叉子协助整形，放上洗净的葡萄干，间隔排列在烤盘上，放入烤箱中间，上下火烘焙15分钟即可。

燕麦可替换为玉米片等谷物。**做法支招**

奶油小饼干

主料 低筋面粉100克，鸡蛋液50克。

调料 无盐奶油30克，糖粉10克。

做法

1.烤箱预热温度至170℃，无盐奶油在室温下放软。

2.无盐奶油和糖粉用打蛋器打至泛白呈蓬松羽毛状，倒入鸡蛋液快速搅拌呈乳霜状，加入过筛的面粉，用橡皮刮刀翻拌均匀成面团。

3.将面团用擀面杖擀匀，用模型压出可爱的图案，放入烤箱中层，上下火烘焙18分钟即可。

撒些面粉在饼干模型上，方便脱模。**做法支招**

补钙壮骨餐

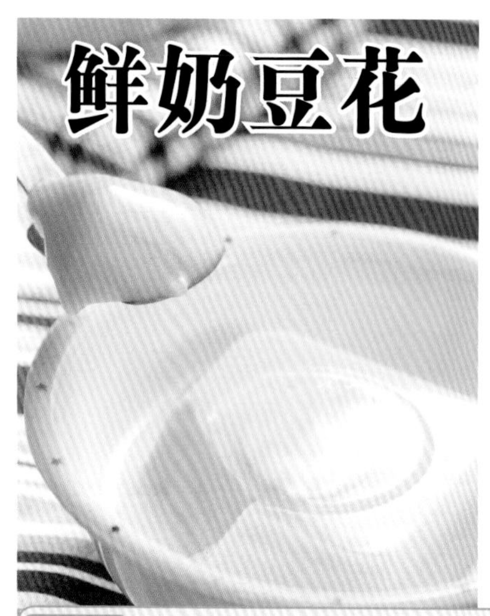

鲜奶豆花

主料 牛奶100毫升，豆花60克。

做法

1.豆花用沸水烫片刻，捞出沥水。

2.将豆花、牛奶一起倒入碗中，喂食宝宝即可。

营养小典 豆花的主要成分是黄豆，其脂肪酸一半以上是亚麻油酸，是人体必需的营养成分之一。

杏仁奶茶

主料 牛奶100毫升，杏仁40克。

调料 白糖少许。

做法

1.杏仁放入热水里浸泡5分钟，捞出去皮，将杏仁连同泡杏仁的水一起倒入搅拌机中加工成浆汁，用纱布滤去渣。

2.将杏仁汁倒进锅里，加清水煮沸后加白糖调味。

3.将煮好的杏仁汁冲入加热过的牛奶中即可。

营养小典 适量饮用可补充B族维生素，但宝宝不可饮用过多。

雪耳珍珠奶

主料 银耳25克，西米50克，牛奶50毫升。

调料 姜片2克，冰糖适量。

做法

1.银耳用水浸软，去蒂、洗净、撕成小块;西米用清水浸透,冲洗干净。

2.将四杯水注入煲中,加姜片、银耳,煲至银耳软滑，捞出姜片弃掉，放入西米、冰糖,中火煮至西米呈透明,冰糖溶解，倒入牛奶，略滚即可。

营养小典 银耳富含维生素D，能防止钙的流失，对生长发育十分有益；因富含硒等微量元素，它可以增强肌体的免疫力。

胡萝卜沙拉

主料 胡萝卜75克，葡萄干10克，酸奶50毫升。

做法

1.胡萝卜洗净,入锅煮熟,切成小块。

2.葡萄干洗净，切成小块，与胡萝卜块一同倒入碗中，加入酸奶拌匀即成。

营养小典 维生素A是骨骼正常生长发育的必需物质，有助于细胞增殖与生长，对促进宝宝的生长发育具有重要意义。

藕粉圆子

主料 藕粉、枣泥各75克。

调料 白糖、糖桂花各适量。

做法

1.枣泥滚成圆形，放入碾细的藕粉中滚动均匀，使其沾满藕粉，入沸水锅中煮2分钟，迅速捞出，用冷水漂凉。

2.将藕粉圆子盛入用白糖、糖桂花调成的汤汁中即可。

营养小典 藕粉圆子香甜爽口、滋润开胃、嫩滑柔软，营养价值和药用价值均高，有滋补强身、宽胸益气等功效。

西芹百合

主料 百合50克，西芹100克。

调料 精盐、水淀粉、食用油各适量。

做法

1.将西芹去除皮和老筋，切菱形片；百合掰开。

2.锅中倒油烧热，放入西芹、百合翻炒均匀，加入精盐，用水淀粉勾芡即可。

营养小典 百合清淡可口，有润肺止咳、清心安神、解渴润燥的作用。西芹含钙、铁、磷等，有促进食欲、健脑等功效。

金银豆腐

主料 豆腐、油豆腐各75克，草菇50克。

调料 精盐、白糖、酱油、水淀粉各适量。

做法

1.豆腐、油豆腐均切块；草菇洗净，切丁。

2.锅中加水烧沸，加入豆腐块、油豆腐块、草菇丁、酱油、白糖，中火煮10分钟，加精盐调味，用水淀粉勾芡即成。

做法支招 豆腐富含钙质，能促进宝宝骨骼发育。

蒸豆腐丸子

主料 豆腐50克，鸡蛋1个（约60克），碎花生仁、水发香菇末各20克。

调料 葱末、精盐、水淀粉、香油各适量。

做法

1.豆腐压成泥状，磕入鸡蛋拌匀；水发香菇洗净切碎；花生米压碎；香菇末、碎花生仁、葱末、精盐、香油一起拌匀成馅料。

2.将馅料包在豆腐泥中，揉成圆球状，放在抹了一层香油的盘子里，上蒸笼蒸30分钟，出笼后将盘中原汁放入锅中烧开，加水淀粉勾芡，浇在豆腐球上即成。

营养小典 补钙壮骨，促进生长。

八宝豆腐

主料 嫩豆腐100克，香菇5克，松子仁、葵花子仁各10克，鸡肉丝、火腿丝各25克。

调料 精盐、鸡汤各适量。

做法

1.嫩豆腐切块；香菇切丝。

2.将所有的原料一起入鸡汤中煮熟，加适量精盐调味即可。

做法支招 火腿已有咸味，要斟酌口味适量加盐。

肉豆腐蒸糕

主料 肥肉、瘦肉各50克，豆腐50克。

调料 姜末、葱花、精盐、酱油、水淀粉、香油各适量。

做法

1.将肉洗净，剁成泥，加入酱油、姜末拌匀煨上。

2.将豆腐搓碎，加入煨好的肉馅，再加入水淀粉、精盐、香油、葱花和少量水，搅拌成泥。

3.将肉豆腐泥摊入小盘内，上屉蒸15分钟即可。

做法支招 肉馅要剁细，豆腐要搓碎，肉要煨得黏糊，否则肉豆腐糕蒸不成形。

火腿豆腐煲

主料 嫩豆腐150克，火腿50克。

调料 食用油适量。

做法

1.火腿、嫩豆腐均切成块。

2.锅中倒油烧热，放入豆腐块、火腿块煸炒片刻，加入适量水，炖10分钟即可。

做法支招 火腿有咸味，所以不用再加盐。

日式煎蛋卷

主料 胡萝卜30克，鸡肉50克，菠菜20克，鸡蛋2个（约120克）。

调料 精盐、食用油各适量。

做法

1.胡萝卜、菠菜和鸡肉洗净剁碎，在热水中烫熟，捞出沥水，打入鸡蛋、精盐搅匀。

2.将蛋黄液倒入热油锅中，用小火煎至半熟，然后卷起，继续煎熟即可。

做法支招 卷的时候，不要等顶部的蛋液全都凝固了才卷，否则成品会不够柔软。

黄金肉末

主料 瘦肉100克。

调料 酱油、食用油各少许。

做法

1.瘦肉洗净，片去筋络，剁成细末。

2.锅置火上，倒油烧热，下入肉末不断煸炒至八成熟，加入少许酱油，炒至全熟时即可。

营养小典 肉末营养丰富，宝宝食用能促进生长发育，最宜佐粥食用。

肉末鹌鹑蛋

主料 猪肉100克，鹌鹑蛋10个。

调料 精盐、酱油、淀粉、食用油各适量。

做法

1.猪肉洗净后剁成泥，加入淀粉、精盐、酱油拌匀入味。

2.清水煮开后放入鹌鹑蛋煮熟，捞出去壳，用肉泥包裹均匀。

3.锅中倒油烧热，放入鹌鹑蛋，中火炸熟即可。

做法支招 鹌鹑蛋煮熟后放在凉水中浸泡，去壳更容易。

粉皮炖肉

主料 带皮五花肉、粉皮各150克。

调料 葱、姜、花椒、八角茴香、精盐、酱油、料酒、白糖、清汤、食用油各适量。

做法

1.带皮五花肉切块；粉皮切条；葱切段，姜切片。

2.锅内倒油烧热，放入肉块，炒至变色时加入各种调料和清汤，烧开，用小火炖至五花肉酥烂时，再加入粉皮，炖至入味，拣去葱、姜、花椒、八角茴香，装盘即成。

营养小典 粉皮是以豆类或薯类淀粉制成的片状食品，具有柔润嫩滑、口感筋道等特点。

茶树菇炖肉

主料 干茶树菇、五花肉各100克。

调料 葱花、精盐各适量。

做法

1.干茶树菇泡发，五花肉切片。

2.将两者一起倒入高压锅炖30分钟，撒精盐和葱花即可。

营养小典 茶树菇是集高蛋白、低脂肪、低糖分、保健食疗于一身的纯天然无公害保健食用菌。

秘制红烧肉

主料 带皮五花肉200克。

调料 蒜瓣、香菜叶、精盐、生抽、红糖、蜂蜜、高汤、食用油各适量。

做法

1.带皮五花肉洗净，放入沸水锅中，大火煮2分钟，捞出冲净，切方块。

2.锅中倒油烧热，放入蒜瓣爆香，倒入肉块翻炒2分钟，熄火。

3.另锅点火，倒油烧热，放入红糖，小火慢熬成糖浆，倒入五花肉块炒至上色，加入精盐、生抽，倒入高汤，大火烧沸，转中火炖至肉烂汁浓，淋少许蜂蜜炒匀，盛出装盘，点缀香菜叶即成。

做法支招 要选用带皮的五花肉。

黄豆炖排骨

主料 猪排骨200克，黄豆100克。

调料 姜片、香菜段、精盐各适量。

做法

1.猪排骨剁块，入沸水锅汆片刻捞出，控净血水；黄豆用水泡发6小时。

2.锅内加适量水，放入排骨块、黄豆、姜片，大火烧开，转小火煮2小时，加精盐调味，撒香菜段即可。

营养小典 益气养血，补钙壮骨。

小香排

主料 猪排300克，鸡蛋清1个。

调料 葱末、精盐、酱油、白糖、料酒、水淀粉、咖喱粉、食用油各适量。

做法

1.猪排洗净，剁成小块，放到锅里煮至八成熟，捞出放凉，加入鸡蛋清、精盐、料酒和水淀粉，拌匀上浆；咖喱粉、白糖、酱油、精盐一起放在碗里，搅拌均匀后调成味汁。

2.炒锅倒油烧热，放入猪排块炸成金黄色，捞出沥油。

3.锅留底油烧热，放入葱末煸香，倒入猪排块、味汁翻炒均匀即可。

营养小典 长肌肤、壮骨骼，促进生长发育。

肉肠油菜

主料 肉肠100克，油菜150克。

调料 精盐、酱油、食用油各适量。

做法

1.肉肠斜切成薄片；油菜切段，梗和叶分开。

2.锅中倒油烧热，放入油菜梗煸炒几下，加入油菜叶同炒至半熟，放入肉肠，加入酱油、精盐炒匀，大火炒几下即可。

营养小典 油菜中含有丰富的钙、铁和维生素C，胡萝卜素也很丰富，是人体黏膜及上皮组织维持生长的重要营养。

牛肉沙拉

主料 牛肉、土豆各30克，胡萝卜20克，熟蛋黄1个。

调料 精盐、沙拉酱各适量。

做法

1.土豆去皮，切成小块，入锅煮烂。

2.牛肉切碎，加精盐拌匀，加入磨碎的胡萝卜拌好，用煎锅炒制一下。

3.将熟蛋黄捣碎。

4.土豆泥倒入盘中，撒上牛肉末、蛋黄，淋沙拉酱，拌匀即可。

营养小典 牛肉蛋白质含量高，脂肪含量低，味道鲜美，受人喜爱，享有“肉中骄子”的美称。

松仁牛柳

主料 牛里脊200克，松仁25克，鸡蛋1个（约60克）。

调料 精盐、淀粉、胡椒粉、食用油各适量。

做法

1.牛里脊洗净，用刀背拍松，加精盐、胡椒粉腌制入味；鸡蛋磕入碗中打匀；将牛里脊片拍匀淀粉，裹匀蛋液，沾匀松仁，压实。

2.炒锅倒油烧至四成熟，放入牛里脊炸至外黄酥脆，捞出沥油，改刀切条即可。

营养小典 松仁中富含蛋白质、糖类、脂肪，其脂肪大部分为油酸、亚油酸等不饱和脂肪酸，还含有钙、磷、铁等微量元素。

果汁牛柳

主料 牛通脊200克，彩椒50克，鸡蛋1个（约60克），菠萝、面粉各20克。

调料 精盐、料酒、白糖、番茄酱、白醋、柠檬汁、淀粉、食用油各适量。

做法

1.牛通脊剔去筋膜，切条，加入鸡蛋、水、淀粉、面粉、精盐拌匀；彩椒切片；菠萝切片。

2.锅中倒油烧热，放牛肉条滑散，捞出沥油。

3.锅留底油烧热，放入番茄酱、料酒、柠檬汁、白醋、水、精盐、白糖、水淀粉，大火烧开，放入牛肉、彩椒片、菠萝片炒匀即可。

做法支招 炸的火候要均匀，以免外煳里生。

山药砂锅牛肉

主料 牛肉、山药各100克，芹菜叶少许。

调料 葱段、姜片、精盐、料酒、花椒、胡椒粉各适量。

做法

1.牛肉切块，入沸水锅汆烫5分钟，捞出沥水；山药去皮切块。

2.砂锅中放入适量清水，倒入牛肉块、芹菜叶、葱段、姜片、料酒，置中火上烧开，加入花椒，小火炖至牛肉半熟，放入山药，炖至牛肉酥烂，拣出葱段、姜片，放入精盐、胡椒粉即可。

营养小典 补脾润肠，强身健体。

土豆炖牛肉

主料 牛肉、土豆各200克。

调料 葱段、姜片、花椒、八角茴香、精盐、料酒、清汤、食用油各适量。

做法

1.牛肉切成块，用开水汆烫片刻，捞出；土豆去皮，切块，用清水浸泡备用。

2.锅中倒油烧热，放入牛肉块翻炒片刻，加入清汤和其他调料，大火烧开，转小火烧至牛肉熟，放入土豆块,烧至土豆入味,牛肉酥烂即可。

做法支招 除了牛肉和土豆，适量添加胡萝卜、香菇等蔬菜，可以相对减轻宝宝肠胃的负担。

菠萝牛肉

主料 嫩牛肉250克，菠萝50克。

调料 葱花、精盐、酱油、料酒、白糖、水淀粉、食用油各适量。

做法

1.嫩牛肉切片，加料酒、酱油、白糖、淀粉腌制20分钟；菠萝去皮，用盐水浸泡20分钟，切丁。

2.炒锅倒油烧热，放入葱花煸香，倒入牛肉片翻炒至断生，加入菠萝炒匀，调入酱油、水淀粉、精盐，翻炒均匀即可。

做法支招 这个菜炒的时候动作一定要快，事先最好一次性将牛肉味道腌足，不然牛肉炒久变老而韧，就不好吃了。

鸡肉沙拉

主料 鸡肉50克，西蓝花30克，熟鸡蛋1个。

调料 沙拉酱、番茄酱各适量。

做法

1.鸡肉、西蓝花均煮熟切碎，熟鸡蛋切碎。

2.沙拉酱与番茄酱同入碗中拌匀成调味酱。

3.鸡肉、西蓝花、鸡蛋放盘中，加入调味酱拌匀即可。

营养小典 西蓝花营养丰富，含有蛋白质、脂肪、磷、铁、胡萝卜素、维生素B_1、维生素B_2和维生素C、维生素A等。

芝麻鱼条

主料 鳜鱼800克，鸡蛋1个（约60克），芝麻、面粉各50克。

调料 葱段、姜片、料酒、胡椒粉、精盐、食用油各适量。

做法

1.鳜鱼去骨、去刺，取肉，切花刀，顺切成条，用精盐、葱段、姜片、胡椒粉、料酒腌制10分钟。

2.将腌入味的鱼条挂上面粉、鸡蛋液调成的糊，沾匀芝麻。

3.锅中倒油烧至八成热，放入鱼条炸熟，捞出装盘即可。

营养小典 这道鱼条酥香美味，补钙健骨。

黄颡鱼豆腐汤

主料 黄颡鱼1条（约300克），豆腐100克。

调料 葱段、姜片、精盐、料酒、胡椒粉、食用油各适量。

做法

1.黄颡鱼去除鳃和内脏，洗净；豆腐切片。

2.炒锅倒油烧热，放入葱段、姜片、黄颡鱼煸炒片刻，加入清水、料酒，大火烧沸，撇去浮沫，加盖焖至鱼肉熟，加入豆腐片、精盐，撒入胡椒粉即可。

营养小典 黄颡鱼富含蛋白质、铜、叶酸、维生素B_2、维生素B_{12}等维生素，适宜生长发育期儿童食用。

生菜鱼丸汤

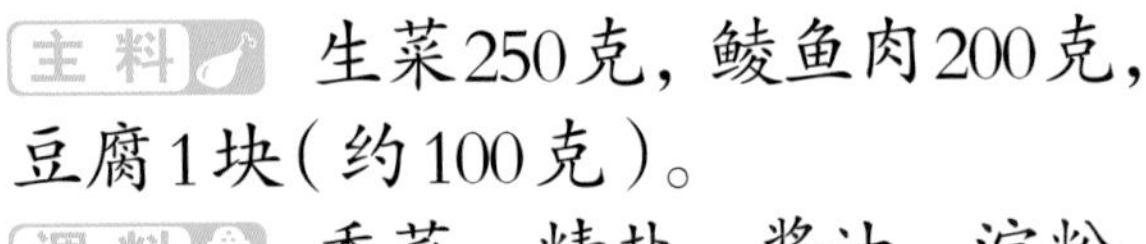

主料 生菜250克，鲮鱼肉200克，豆腐1块（约100克）。

调料 香菜、精盐、酱油、淀粉、胡椒粉各适量。

做法

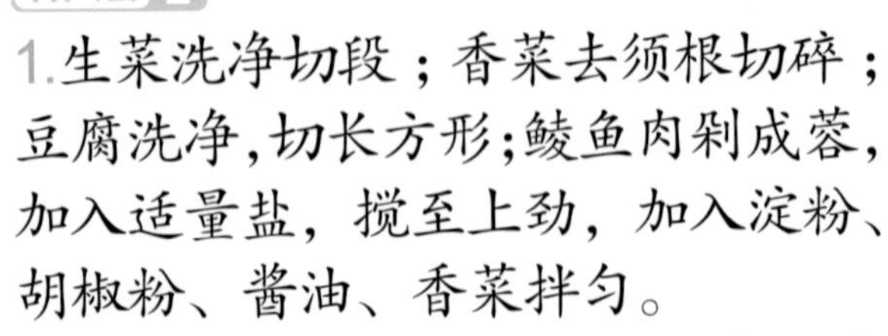

1.生菜洗净切段；香菜去须根切碎；豆腐洗净，切长方形；鲮鱼肉剁成蓉，加入适量盐，搅至上劲，加入淀粉、胡椒粉、酱油、香菜拌匀。

2.瓦煲中倒水煮沸，加入豆腐块煮开，将鲮鱼肉蓉揉成丸子，入锅煮至浮起，放入生菜，加精盐调味即可。

营养小典 豆腐营养丰富，含有人体必需的多种微量元素，还含有糖类和丰富的优质蛋白，素有“植物肉”之美称。

虾仁镶豆腐

主料 豆腐100克，虾仁50克，青豆仁15克。

调料 蚝油适量。

做法

1.豆腐洗净，切方块，挖去中间的部分，虾仁洗净剁成泥，填塞在豆腐块的中间部分，并在豆腐上面摆上几粒青豆仁做装饰。

2.将做好的豆腐块放入蒸锅蒸熟。

3.蚝油加适量水在锅中熬成糊状，均匀淋在蒸好的豆腐块上即可。

营养小典 虾的肌纤维比较细，组织蛋白的结构松软，水分含量较多，所以肉质细嫩，容易消化吸收，适合儿童食用。

虾皮紫菜汤

主料 虾皮10克，紫菜50克。

调料 精盐、香油各适量。

做法

1.虾皮、紫菜在清水中泡开。

2.锅中倒水烧沸，放入虾皮、紫菜煮开，放入精盐调味，滴入香油即可。

营养小典 虾皮富含钙质，能满足宝宝成长所需，促进骨骼生长。

胡萝卜饭

主料 胡萝卜50克，大米75克。

调料 精盐、食用油各适量。

做法

1.大米淘洗干净,用清水浸泡30分钟;胡萝卜去皮，切碎。

2.将胡萝卜泥及所有调料加入米中，搅拌均匀，放入电饭锅中煮熟，搅拌均匀即可。

营养小典 胡萝卜富含的胡萝卜素在宝宝体内转化成维生素A，能强化骨骼牙齿、提高免疫力、维护视力健康。

海陆蛋卷饭

主料 米饭50克，虾仁、蟹肉、鸡肉、胡萝卜、圆白菜各20克，鸡蛋1个(约60克)，海苔10克。

调料 精盐、料酒、寿司醋、食用油各适量。

做法

1.鸡肉切丝,与虾仁、蟹肉一起烫熟,加精盐、料酒腌制30分钟;胡萝卜、圆白菜切丝;米饭用寿司醋拌匀。

2.锅中倒油烧热，放入鸡蛋煎成薄蛋皮，平铺在案板上。

3.蛋皮上放上米饭、海苔、虾仁、鸡肉丝、蟹肉、胡萝卜丝、圆白菜丝，卷成寿司条，切块即可。

做法支招 在虾仁背上划一刀，挑去泥线。

肉末豆腐粥

主料 米饭100克，豆腐50克，熟肉末20克，熟豌豆、枸杞子各少许。

调料 肉汤1碗，精盐适量。

做法

1.豆腐切成小块。

2.米饭、肉汤、豆腐、熟肉末、熟豌豆、枸杞子加适量水，放入锅中，煮至黏稠，加精盐调味即可。

做法支招 如果怕豆腐有豆腥味，宝宝不爱吃，可以把豆腐切块后焯水以去掉豆腥味。

双肉海参饺

主料 面粉100克，猪瘦肉、虾肉、水发海参各30克，紫菜片10克。

调料 葱末、姜末、精盐、酱油、料酒、香油各适量。

做法

1.虾肉、水发海参、猪瘦肉均切末，加入酱油、精盐、料酒、姜末、葱末和香油拌匀，制成馅料。

2.面粉中加少许精盐，加凉水和成面团，搓条，揪成剂子，擀成面皮，包入馅料成饺子，放入沸水锅内煮至熟透即成。

营养小典 补钙壮骨，促进宝宝生长发育。

牛骨汤挂面

主料 牛骨200克，挂面60克，枸杞子5克。

调料 精盐适量。

做法

1.把牛骨放入水中，煲3个小时，捞出牛骨，留汤。

2.在牛骨汤中下入挂面，加入枸杞子，放入适量的精盐调味，煮熟即可。

营养小典 牛骨头富含钙质，是补身汤品，能帮助宝宝补充钙质。

宝宝磨牙棒

主料 蛋白1个，低筋面粉130克。

调料 无盐奶油10克，糖粉5克。

做法

1.奶油在室温下放软，加入糖粉拌匀，再加入蛋白拌匀。

2.奶油蛋白液中加入过筛的低筋面粉拌匀，揉成面团(没粉粒即可)。

3.面团醒约20分钟，用擀面杖擀成2厘米厚，再醒10分钟，切割成长条棒状，排放在烤盘上。

4.烤箱预热至160℃，放入面棒坯以200℃上下火烤20分钟，翻面再烤10分钟即可。

营养小典 健脾开胃，帮助宝宝牙齿发育。

益智健脑餐

核桃酪

主料 核桃仁300克，小枣、江米各30克。

调料 白糖适量。

做法

1.核桃仁用开水泡片刻，去皮切碎；江米淘洗干净，用凉水浸泡；小枣洗净，去皮、去核。

2.核桃仁、江米、小枣一起放入搅拌机，加适量水打碎。

3.锅中倒入搅打好的核桃酪，倒入适量水、白糖，熬至浓稠出香即可。

做法支招 要掌握好熬的时间，以免熬煳。

藕粉鸽蛋羹

主料 鸽蛋2个，藕粉50克。

调料 白糖、糖桂花、香油各适量。

做法

1.取小汤匙，抹匀香油，将鸽蛋分别磕入匙内，将汤匙放入蒸笼，用小火将鸽蛋蒸熟，取出；藕粉放入大碗中。

2.锅中倒水烧沸，放入白糖、糖桂花，待糖溶化，倒入装有藕粉的碗中，边倒边搅拌均匀，放入鸽蛋即可。

营养小典 健脑益智，补精添髓。

水果布丁

主料 牛奶150毫升，琼脂5克，猕猴桃、西瓜、菠萝各30克。

做法

1.猕猴桃去皮去核，西瓜去籽，菠萝去皮，三种原料均切丁。

2.琼脂放在20毫升水中搅匀，隔水蒸化。

3.将琼脂汁加入牛奶搅匀，加进切丁的水果，倒入模具中，入冰箱冷藏即可。

营养小典 香甜布丁，加入夏天时令水果猕猴桃、西瓜、菠萝，香香甜甜的滋味，让宝宝吃得开心又健康。

酸奶布丁

主料 原味酸奶50毫升，牛奶100毫升，琼脂5克。

调料 白糖少许。

做法

1.琼脂用1小匙水先调开。

2.牛奶中加入调开的琼脂拌匀，入锅小火煮沸，煮时要不停搅拌。

3.熄火后，倒入原味酸奶、白糖拌匀，再倒入模具中，放入冰箱冷藏即可。

营养小典 酸奶布丁制作简单又营养，其中的乳酸菌能增加肠胃中的有益菌，并且有丰富的钙质，宝宝易吸收。

水晶猕猴桃冻

主料 猕猴桃300克，琼脂5克。

调料 白糖少许。

做法

1.取250克猕猴桃，去皮切块，放入榨汁机中榨汁；剩余的猕猴桃去皮，切块。

2.炒锅置火上，加入猕猴桃汁、琼脂、白糖，烧至琼脂溶化，撇去浮沫，倒入准备好的10个模具中，在每个模具中再放几块切好的猕猴桃块，冷却后，倒入盘内即可。

水晶猕猴桃汁注入模具，入冰箱保鲜室冷冻，随用随取。

做法支招

银百炖香蕉

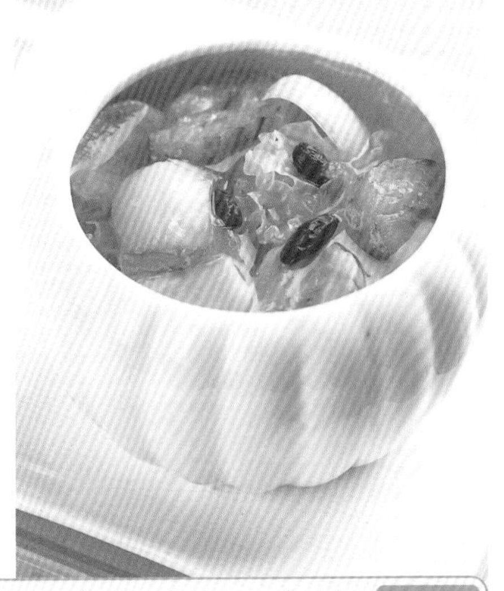

主料 鲜百合、香蕉各50克，干银耳10克，枸杞子5克。

调料 冰糖适量。

做法

1.干银耳用水泡发，去蒂，撕成小朵，加适量水入蒸笼蒸30分钟，取出；鲜百合剥开，洗净；香蕉去皮，切片。

2.所有原料放入炖盅，加入冰糖，入蒸笼蒸30分钟即可。

银耳具有补肾、补脑、提神的作用。百合有养心、安神的功效。

主料 鸡蛋2个（约120克），西蓝花100克，酸奶15毫升。

做法

1.鸡蛋煮熟，蛋白切碎，蛋黄捣碎。

2.西蓝花煮熟之后切碎。

3.将酸奶倒入盘中，撒上碎蛋白、碎蛋黄、西蓝花，拌匀即可。

营养小典 西蓝花中维生素C含量极高，能提高人体免疫功能，促进肝脏解毒，增强人的体质，增强抗病能力。

主料 鸡蛋1个（约60克），甜椒、玉米粒、菠菜各25克。

调料 精盐、食用油各适量。

做法

1.甜椒、菠菜均洗净，用沸水焯烫后切成末。

2.鸡蛋磕入碗中打散，加入甜椒末、菠菜末、玉米粒、精盐拌匀。

3.锅中倒油烧热，倒入蛋液煎至定型，翻面煎熟即可。

营养小典 鸡蛋的蛋白质对肝脏损伤组织有修复作用，蛋黄的卵磷脂可提高宝宝的血浆蛋白量，增强代谢功能和免疫功能。

蔬菜鸡蛋羹

主料 洋葱、胡萝卜、菠菜各30克，鸡蛋2个（约120克）。

调料 精盐适量。

做法

1.洋葱、胡萝卜、菠菜放入沸水锅汆烫片刻，捞出沥水，切碎。

2.鸡蛋磕入碗中，加入等量凉开水搅匀，加入全部蔬菜拌匀，再加入精盐搅匀，上锅蒸至软嫩即可。

营养小典

蛋黄中含有丰富的维生素A、维生素B_2、维生素D、铁及卵磷脂。卵磷脂是脑细胞的重要原料之一。

五仁蒸南瓜

主料 南瓜200克，芝麻、榛仁、核桃仁、松仁各15克。

调料 精盐、白糖、水淀粉、清汤、食用油各适量。

做法

1.南瓜去皮、去籽，洗净切块，摆在盘中，将五仁撒在南瓜上，入蒸锅蒸熟，取出。

2.锅中倒油烧热，加清汤、白糖、精盐烧开，用水淀粉勾芡，淋在南瓜上即成。

做法支招

南瓜本身带有甜味，糖可酌量添加或者不加。

核桃仁炒丝瓜

主料 丝瓜150克，核桃仁75克。

调料 葱花、精盐、食用油各适量。

做法

1.核桃仁用开水浸泡洗净去皮，切成小粒；丝瓜洗净削去皮，切小片。

2.锅中倒油烧热，放入丝瓜片翻炒至软，倒入核桃粒，翻炒片刻，加入精盐、撒葱花即可。

营养小典 核桃中所含的微量元素锌和锰是脑垂体的重要成分，常食有益于脑的营养补充，有健脑益智的作用。

莲子银耳汤

主料 莲子20克，干银耳15克。

调料 白糖适量。

做法

1.莲子洗净，浸泡30分钟；干银耳用水泡发，洗净。

2.将莲子、银耳同放入电饭锅加水煮烂，加白糖调味即可。

做法支招 夏天做好此汤后可以将其放入冰箱冰镇后再给宝宝吃，口感更佳，但注意不要过凉。

金针菇海带卷

主料 金针菇、海带各100克，猪肉馅50克。

调料 精盐、味精、胡椒粉各适量。

做法

1.金针菇洗净；猪肉馅加精盐、味精、胡椒粉拌匀；海带洗净。

2.将猪肉馅摊在海带上面，铺上金针菇，把海带卷起，用线捆紧，入蒸锅蒸熟后取出，切段即可。

金针菇中赖氨酸和精氨酸含量很丰富，且含锌量较高，对儿童身高和智力发育有良好作用，人称“增智菇”。 营养小典

肝羹鸡泥

主料 猪肝50克，鸡胸脯肉100克，鸡蛋1个（约60克）。

调料 精盐、鸡汤、香油各适量。

做法

1.猪肝剁成泥；鸡胸脯肉用刀背剁成肉泥。

2.将猪肝泥与鸡肉泥放入大碗中，加入鸡汤。

3.鸡蛋充分打匀，倒入肝泥碗中，加适量精盐，充分搅匀，放入蒸笼中，中火蒸10分钟左右，淋上香油即成。

猪肝泥越细越好，完全无渣最好。 做法支招

鱼肉酸奶沙拉

主料 鱼肉80克，豌豆30克，酸奶25毫升。

调料 白糖少许。

做法

1.鱼肉放入锅中，加少许水炖烂，剔除鱼刺，将肉捣碎。

2.豌豆入锅煮熟，用饭勺捣碎，同酸奶、白糖拌匀。

3.将鱼肉放在拌好的豌豆上即可。

营养小典 酸奶能抑制肠道腐败菌的生长，还含有可抑制体内合成胆固醇还原酶的活性物质，又能增强肌体免疫力。

鲫鱼豆腐蒸蛋

主料 鲫鱼肉、嫩豆腐各50克，鸡蛋1个(约60克)。

调料 精盐适量。

做法

1.鲫鱼肉去刺，煮熟剁成泥；嫩豆腐煮熟研成泥。

2.把鸡蛋和鲫鱼泥、豆腐泥和精盐一起加水打匀，上锅蒸15分钟即可。

做法支招 鲜鱼清洗后在牛奶中浸泡一会儿，既可除腥，又能增加鲜味。

鱼肉秋葵汤

主料 鱼肉200克，秋葵50克。

调料 高汤、酱油各适量。

做法

1.鱼肉煮熟，去刺后捣碎;秋葵剁碎。

2.锅中倒入高汤烧沸，放入鱼肉、秋葵搅匀，加入酱油，拌匀即可。

营养小典 秋葵中含有多种营养成分，经常食用能帮助消化、增强体力、保护肝脏、健胃整肠。

醋椒鲈鱼

主料 鲈鱼1条(约500克)。

调料 香菜段、葱姜块、精盐、料酒、醋、高汤、食用油、香油各适量。

做法

1.鲈鱼去鳞、鳃和内脏，洗净，在鱼身两侧剞斜刀。

2.锅中倒油烧热，放入鲈鱼，两面煎成浅金黄色，倒入漏勺控油。

3.锅留底油烧热，放入葱姜块炝香，放入高汤、料酒、鲈鱼，大火烧开，转小火煮至汤乳白色，加入精盐、醋，放入香菜段，淋香油即可。

做法支招 烹制整条鱼最好选用刺少的鱼。

蛋松鲈鱼块

主料 鲈鱼肉150克，鸡蛋黄50克，红椒丝5克。

调料 姜丝、精盐、水淀粉、食用油各适量。

做法

1.鲈鱼肉切块，剞花刀，加精盐、水淀粉抓匀上浆。

2.锅中倒油烧热，淋入鸡蛋黄液，炸成蛋松，盛出放在盘中。

3.锅中倒油烧热，放入姜丝、红椒丝炒香，放鱼块炒熟，加精盐调味，用水淀粉勾芡，盛出放在蛋松上即可。

做法支招 炸蛋松要边倒边搅，油温要控制在110℃～120℃，这样炸出的蛋松才会又脆又香。

鱼头汤

主料 鲢鱼头1个（约500克），草菇、虾仁、鸡丁各10克。

调料 葱段、姜片、精盐、料酒、香油各适量。

做法

1.鲢鱼头去鳃洗净；草菇洗净，切成两半；虾仁去除虾线，洗净。

2.鲢鱼头、草菇、虾仁、鸡丁同入炖锅，加入适量水、料酒，放入葱段、姜片，大火煮沸，转小火煮至汤色白，拣去葱段、姜片，加入香油、精盐调味即可。

营养小典 此汤可祛风止痛、健脑提神，对儿童大脑发育有着很好的功效。

福州鱼丸

主料 净鳗鱼肉200克，五花肉25克。

调料 精盐、淀粉、酱油、香油、食用油各适量。

做法

1.净鳗鱼肉剁成蓉，加精盐、淀粉调成糊，搅打上劲；五花肉剁细，入油锅，加酱油、香油，炒香盛出。

2.在鱼糊中间填入少许熟五花肉，挤成每个如乒乓球大小的丸子。

3.锅内倒入清水，将鱼丸冷水下锅，大火烧开，加精盐调味即可。

做法支招 鱼肉剁得越细越好，一定要搅拌上劲；五花肉不能剁得太烂。

香菇蒸鳕鱼

主料 鳕鱼肉200克，火腿20克，干香菇10克。

调料 精盐、料酒各适量。

做法

1.干香菇用温水浸泡1小时，洗净，除去菌柄，切细丝；火腿切细丝；鳕鱼肉洗净；精盐、料酒放到一个小碗里调匀。

2.将鳕鱼块放大盘中，在表面铺上一层香菇丝和火腿丝，放到开水蒸锅中，大火蒸8分钟，倒入调好的汁，再大火蒸4分钟，取出即可。

做法支招 也可以使用微波炉来蒸这道菜，用高火蒸5分钟左右就可以了。

清蒸三文鱼

主料 三文鱼肉200克，青椒50克。

调料 葱姜丝、精盐、料酒、番茄酱各适量。

做法

1.三文鱼肉去刺，切块，剞十字花刀（花刀的深度为鱼肉的2/3）；青椒洗净，切丝。

2.将三文鱼块放入锅中，加入青椒、葱姜丝、料酒、精盐和适量水，中火蒸20分钟，淋番茄酱即可。

营养小典 这道菜含较多的脂肪、DHA，益智补脑，提高记忆力，对宝宝神经系统及视网膜健康发育也有帮助。

鲑鱼豆腐汤

主料 豆腐、鲑鱼肉各100克。

调料 葱花、精盐、高汤各适量。

做法

1.鲑鱼肉、豆腐均洗净，切小块。

2.锅中倒入高汤煮沸，放入豆腐煮沸，加入鲑鱼块煮至鱼肉熟，加精盐调味，出锅撒葱花即可。

做法支招 俗话说“千滚豆腐万滚鱼”，鱼汤一定要煮久点，这样汤汁才更鲜美。

芥菜滚鱼汤

主料 芥菜100克，大眼鱼1条（约800克）。

调料 姜片、精盐、食用油各适量。

做法

1.芥菜切段；大眼鱼清洗干净，在鱼身两侧剞斜刀，用盐腌拌10分钟。

2.将鱼放入油锅煎至微黄，盛出。

3.瓦煲倒入适量水烧沸，放入姜片、大眼鱼，炖20分钟，加入芥菜段煮沸，加精盐调味即可。

营养小典 芥菜较粗硬，含有胡萝卜素和大量膳食纤维，有明目和宽肠通便的作用，还可防治便秘。

菠萝炒虾仁

主料 虾仁、菠萝各100克。

调料 葱末、蒜片、精盐、白糖、香油各适量。

做法

1.虾仁去除虾线，洗净沥干，放入沸水锅快速汆烫后捞起；菠萝切小片。

2.锅中倒入香油烧热，放入葱末、蒜片爆香，加入虾仁、菠萝片翻炒均匀，调入精盐、白糖，炒匀即可。

营养小典 这道菜既保留了虾仁的原始鲜味，又兼顾了菠萝的清新甜香，虾仁在水果味的衬托下更加清爽可口。

草菇虾仁

主料 虾仁200克，草菇、胡萝卜各50克。

调料 葱段、精盐、胡椒粉、料酒、食用油各适量。

做法

1.虾仁挑去虾线，洗净；草菇洗净，放入沸水锅焯烫片刻后捞出，冲凉；胡萝卜去皮，切片。

2.炒锅倒油烧热，放入葱段炒香，放入虾仁炒至半熟，加入葱段、胡萝卜片和草菇翻炒均匀，加精盐、胡椒粉、料酒调匀即成。

做法支招 虾肉腌制前可用清水浸泡一会儿，能增加虾肉的弹性。

翡翠虾仁

主料 鲜虾仁200克，嫩青豆50克，鸡蛋1个（约60克）。

调料 高汤、精盐、白糖、胡椒粉、水淀粉、葱花、食用油各适量。

做法

1.鲜虾仁清洗干净，加入鸡蛋清、精盐、淀粉抓匀；嫩青豆放入沸水锅氽熟，捞出沥水。

2.锅中倒油烧热，放入虾仁滑至八成熟，捞出沥油。

3.锅留底油烧热，放入葱花爆香，倒入虾仁、青豆，烹入高汤，加入精盐、白糖、胡椒粉、水淀粉调味即成。

营养小典 补钙壮骨，健脑益智。

龙眼苦瓜

主料 苦瓜、净虾肉各100克，龙眼肉10克。

调料 精盐、料酒、淀粉、清汤各适量。

做法

1.净虾肉剁成蓉，加精盐、料酒拌匀。

2.苦瓜切成圆圈厚片，入沸水中焯水，捞出浸凉，沥干；拍匀淀粉，酿入虾蓉，镶嵌上龙眼肉，入笼屉蒸5分钟后取出。

3.锅中倒入清汤，加入精盐，用水淀粉勾芡，浇在龙眼苦瓜上即可。

> **做法支招** 苦瓜焯水后要立即浸凉，以保持碧绿色。

松仁虾球

主料 虾仁150克，熟松子仁、熟豌豆、枸杞子各10克。

调料 葱姜末、精盐、料酒、水淀粉、食用油各适量。

做法

1.虾仁去除虾线，洗净，加入料酒、精盐、水淀粉拌匀腌制10分钟。

2.锅中倒油烧热，放入葱姜末煸香，加入虾仁、熟豌豆、枸杞子炒匀，调入精盐，用水淀粉勾芡，撒上熟松仁即成。

> **做法支招** 炒虾仁的油不能过热，要以中温热度的油均匀翻炒，使每只虾仁均匀挂汁入味。

炒鲜鱿鱼卷

主料 鲜鱿鱼花100克，小红萝卜50克，黄瓜25克。

调料 精盐、醋、高汤、食用油各适量。

做法

1.黄瓜、小红萝卜均切薄片。

2.锅中倒油烧热，放入鲜鱿鱼花翻炒，将黄瓜片和小红萝卜片放入锅中，加入适量的精盐、醋，炒匀，烹入少许高汤，急火收汁，起锅装盘即可。

营养小典 健脑益智，促进生长。

煎蛤蜊肉蛋饼

主料 蛤蜊肉、韭菜各50克，鸡蛋2个（约120克）。

调料 葱花、精盐、料酒、高汤、香油、食用油各适量。

做法

1.蛤蜊肉剁碎，放入碗中，加入鸡蛋、精盐打散搅匀；韭菜洗净，切末。

2.净锅上火倒油，待油六成热时放入葱花煸香，加入蛤肉鸡蛋液，煎至两面焦黄，加入少许高汤、精盐、料酒、韭菜末，稍煎，淋上香油，出锅改刀装盘即可。

营养小典 增强食欲，健脑助长。

虾米花蛤蒸蛋

主料 虾米、枸杞子各10克，蛤蜊50克，鸡蛋2个（约120克）。

调料 葱花、精盐、料酒各适量。

做法

1.虾米切碎，放料酒里浸泡10分钟；蛤蜊洗净，用开水氽烫片刻，使壳打开；枸杞子洗净。

2.鸡蛋磕入碗中加精盐打成蛋液，加虾米和蛤蜊，加少许温水，放入葱花、枸杞子，大火急蒸至蛋羹熟即可。

营养小典

益智健脑，促进发育。

豆腐蛤蜊汤

主料 蛤蜊、豆腐各100克。

调料 葱花、精盐各适量。

做法

1.蛤蜊洗净；豆腐切块。

2.净锅上火，倒入水，放入豆腐块、蛤蜊，大火烧沸后撇去浮沫，再烧至熟，加少许精盐调味，撒上葱花即可。

营养小典

健脑益智，促进大脑发育。

清水蛏子汤

主料 鲜活蛏子200克。

调料 葱花、精盐各适量。

做法

1.将鲜活蛏子放入清水中浸泡12小时，使其吐净泥沙。

2.锅中倒水烧沸，放入蛏子煮熟，加入适量精盐调味,撒葱花稍煮即可。

做法支招 蛏子要选择外壳完整、闻之无腥臭味的。

香葱乌鱼蛋汤

主料 乌鱼蛋150克，蛋清1个。

调料 香葱段、精盐、胡椒粉、白醋、高汤、水淀粉、香油、食用油各适量。

做法

1.锅中倒水烧沸，放入乌鱼蛋煮10分钟，捞出浸泡20分钟，撕去膜。

2.锅中倒油烧热，放入胡椒粉炝香，倒入高汤，放入精盐、乌鱼蛋，大火烧开，用水淀粉勾薄芡，淋蛋清，开锅后淋白醋、香油，撒上香葱段即可。

营养小典 乌鱼蛋是由雌墨鱼的缠卵腺加工制成的，主产山东。乌鱼蛋营养丰富、味道鲜美，有冬食去寒、夏食解热的功效。

鲑鱼海苔盖饭

主料 米饭100克，鲑鱼肉50克，无盐海苔15克。

调料 精盐、食用油各适量。

做法

1.鲑鱼肉洗净，沥干水分，放入热油锅小火煎熟，取出压碎。

2.无盐海苔撕碎，放入小碗中，加入鲑鱼肉和精盐混合均匀。

3.米饭盛入小碗中，盖上做好的海苔鲑鱼即可。

营养小典

鲑鱼肉所含的ω-3脂肪酸是脑部、视网膜及神经系统所必不可少的物质，有增强脑功能的功效。

金枪鱼蛋卷饭

主料 米饭、金枪鱼肉各50克，洋葱、西蓝花、胡萝卜各15克，鸡蛋1个（约60克）。

调料 精盐、食用油各适量。

做法

1.金枪鱼肉煮熟后去刺，切碎；胡萝卜、洋葱均切碎；西蓝花切块，入锅汆烫后剁碎；鸡蛋磕碗中打散。

2.锅中倒油烧热，放入金枪鱼肉和各种蔬菜炒熟，加入米饭炒匀，放入少许精盐调味。

3.平底锅倒油烧热，放入鸡蛋液煎成蛋皮，取出，放入做法2的炒饭摊平，卷起蛋皮，切段即可。

做法支招

还可以多放几种蔬菜。

鳕鱼红薯饭

主料 红薯、油菜各30克，鳕鱼肉50克，米饭100克。

做法

1.红薯去皮，切块，浸水后用保鲜膜包起来，放入微波炉中，加热约1分钟。

2.油菜洗净，切碎；鳕鱼肉用热水汆烫去刺。

3.锅置火上，放入米饭，加入清水和红薯、鳕鱼肉、油菜，一起煮熟即可。

营养小典 红薯对人体器官黏膜有保护作用，能够防止肝脏和肾脏结缔组织萎缩，提高肌体免疫力。

鲑鱼面

主料 鲑鱼肉50克，面条100克。

调料 葱末、高汤、精盐、香油各适量。

做法

1.鲑鱼肉洗净，用沸水焯烫至熟，取出后用筷子分成小块，将鱼刺去除干净。

2.锅中倒入高汤加热，放入鲑鱼块煮滚，加少许精盐调味。

3.面条入锅煮熟，盛碗中，倒入鲑鱼肉汤，淋入香油，撒葱末即可。

营养小典 促进大脑发育。

虾仁菜汤面

主料 龙须面150克，熟虾仁50克，青菜心15克。

调料 肉汤、香油各适量。

做法

1.青菜心用沸水烫熟。

2.将龙须面、熟虾仁和适量肉汤一起放入锅内，大火煮开，转小火煮至面条烂熟，放入菜心，淋少许香油，稍煮片刻即成。

饮食宜忌 对海产品过敏或严重湿疹的儿童不宜食用。

虾仁鸡蛋面

主料 虾仁、菠菜各25克，鸡蛋1个（约60克），鸡蛋面100克。

调料 精盐、高汤、香油各适量。

做法

1.虾仁切小块；菠菜洗净，切段；鸡蛋磕入碗中打散。

2.锅中倒入高汤烧沸，倒入菠菜段、虾仁，放入鸡蛋面，加入精盐，待面条快要煮烂时，倒入鸡蛋液，淋入香油，煮沸即可。

营养小典 健脑益智，养心安神。

补血补铁餐

红豆奶

主料 红豆50克，椰子粉10克，牛奶100毫升。

调料 冰糖少许。

做法

1.红豆洗净，用清水浸泡2小时，入锅煮至熟烂。

2.将椰子粉倒入净锅中，微火炒至微黄。

3.将椰子粉、冰糖一同放在焖软的红豆中，与温热的牛奶拌匀即可。

营养小典 红豆营养丰富而且铁质的含量高，这是一道适合宝宝食用的甜汤。

红豆薏仁米冻

主料 红豆30克，薏仁、糙米各10克，琼脂5克。

调料 红糖适量。

做法

1.红豆、薏仁、糙米用水浸泡4个小时后洗净沥干，加适量水煮沸，再续转小火煮30分钟至熟烂加入红糖拌匀后熄火。

2.琼脂泡水10分钟，倒入锅中，以中小火边搅拌煮至完全融化，倒在做法1的锅中，拌匀后倒入布丁模具或碗中，放冰箱冷藏30分钟即可。

营养小典 红豆与薏仁都是益气养血的好食材，如果孩子有贫血的困扰，多食此菜品有益。

红枣山药南瓜

主料 南瓜、山药各100克，红枣50克。

调料 红糖适量。

做法

1. 山药去皮切块；南瓜去皮、去瓤，切块；红枣去核。
2. 炖锅倒入适量水，放入红枣、南瓜、山药和红糖，盖盖，小火炖至山药、南瓜熟烂即可。

> **饮食宜忌** 南瓜不宜与羊肉、虾同食，与螃蟹、鳝鱼、带鱼同食易中毒，南瓜也不宜与富含维生素C的食物同食。

红枣木耳汤

主料 干木耳15克，红枣20克。

调料 冰糖适量。

做法

1. 干木耳用温水泡发，红枣洗净。
2. 将净木耳和红枣放入小碗，加水和冰糖，隔水蒸一个小时即可。

> **营养小典** 木耳能帮助消化系统将无法消化的异物溶解，能有效预防缺铁性贫血，还具有一定的防癌作用。

干炸里脊

主料 里脊肉200克。

调料 料酒、淀粉、花椒盐、食用油各适量。

做法

1.淀粉加等量水调成硬糊；里脊肉去筋，切菱形块，用料酒拌好，放入硬糊中拌匀。

2.将拌好的里脊肉块放入七成热油锅中炸成焦黄色，再转微火上浸炸，然后上旺火，将其炸至焦酥，捞出放入盘中，撒上花椒盐即成。

营养小典 里脊肉提供优质蛋白和人体必需的脂肪酸，并可提供血红素和促进铁吸收的半胱氨酸，能改善缺铁性贫血。

燕麦猪肉饼

主料 瘦猪肉馅200克，荸荠50克，燕麦片、冬菇各20克。

调料 精盐、白糖、淀粉、食用油各适量。

做法

1.瘦猪肉馅加入精盐、食用油、白糖和淀粉，腌制30分钟；冬菇浸软，荸荠去皮，一同剁碎。

2.碗中倒入燕麦片、猪肉馅、冬菇、荸荠末和适量水搅匀，制成饼状，摆盘。

3.整盘入蒸笼中，大火蒸15分钟即可。

营养小典 燕麦中含有燕麦蛋白、燕麦肽、燕麦β葡聚糖、燕麦油等成分，具有抗氧化、增加肌肤活性、抗过敏等功效。

莲藕猪骨汤

主料 莲藕、胡萝卜各150克，猪脊骨500克。

调料 姜片、陈皮、精盐各适量。

做法

1.莲藕去皮，洗净，切段；胡萝卜去皮，洗净，切块。

2.猪脊骨洗净，放入沸水锅汆去血水，捞出冲净。

3.汤煲内加入适量水，水开后放入莲藕段、胡萝卜块、猪脊骨、陈皮、姜片，大火煮沸，改小火煲2小时，加精盐调味即可。

营养小典 此汤可补气补血，生精增髓。

猪皮红枣羹

主料 猪皮100克，红枣50克。

调料 精盐适量。

做法

1.猪皮洗净去毛；红枣洗净，用水浸泡30分钟。

2.锅中倒入适量水，放入猪皮炖至汤黏稠，加入红枣煮20分钟，加精盐调味即可。

猪皮富含胶原蛋白，红枣是补血佳品，这道羹汤黏稠香甜，入口即化，非常适合儿童食用。

芝麻肝片

主料 猪肝150克，芝麻、面粉各25克，蛋清30克。

调料 葱末、姜末、精盐、食用油各适量。

做法

1.猪肝切成薄片。

2.将蛋清、面粉、精盐、葱末、姜末调匀，放入猪肝挂浆，取出滚满芝麻。

3.锅置火上，倒油烧热，放入滚满芝麻的猪肝，炸透，出锅装盘即可。

做法支招 芝麻的香味可以起到调味、去除猪肝腥气的作用。

滋补猪肝汤

主料 熟猪肝100克，苦瓜50克。

调料 葱段、姜蒜片、精盐、香油、食用油各适量。

做法

1.苦瓜去籽去瓤，切片，用淡精盐水浸泡5分钟；熟猪肝切片。

2.净锅上火，倒油烧热，放入葱段、姜蒜片爆香，放入苦瓜片稍炒，加入熟猪肝片，倒水烧沸，调入精盐，淋香油即可。

营养小典 补肝养肝，补血明目。

猪肝黄豆煲

主料 猪肝100克，黄豆50克。

调料 精盐适量。

做法

1.猪肝洗净，切成片。

2.猪肝片和黄豆一起置锅中加水适量，小火煮至肝熟，加精盐调味即可。

营养小典 猪肝含有丰富的铁、磷，是很好的造血食材。

枸杞猪肝汤

主料 猪肝100克，枸杞子20克。

调料 葱段、姜片、精盐、料酒、胡椒粉、食用油各适量。

做法

1.猪肝洗净，切条；枸杞子用温水浸泡30分钟。

2.锅置火上，倒油烧热，放入猪肝条煸炒，烹入料酒，放入葱段、姜片、精盐继续煸炒，加适量清水，放入枸杞子，煮至猪肝熟透，用精盐、胡椒粉调味即成。

营养小典 益精明目，补血养血。

牛骨营养汤

主料 牛骨500克，胡萝卜、番茄、菜花、洋葱各50克。

调料 姜片、花椒、精盐、醋、食用油各适量。

做法

1.牛骨大块斩断，入沸水锅汆烫片刻，取出，冲净血水，放入锅内，加清水、花椒、姜片炖至汤呈白色黏稠时，关火。

2.胡萝卜去皮切块；番茄去皮切瓣；菜花、洋葱均切块。

3.净锅倒油烧热，放入洋葱块炒香，放入牛骨汤烧沸，加入胡萝卜块、番茄、菜花，煮至菜熟汤浓，加精盐、醋调味即成。

营养小典 补精添髓，补血养血。

牛髓真菌汤

主料 牛骨髓100克，鸡腿菇、菜心、滑子菇各30克。

调料 精盐、料酒、胡椒粉、高汤、香油、食用油各适量。

做法

1.牛骨髓切段，入沸水锅汆烫后捞出；鸡腿菇切片。

2.炒锅上火，倒油烧热，放入鸡腿菇片、滑子菇煸炒片刻，加入高汤、菜心、牛骨髓烧沸，调入料酒、精盐、胡椒粉、香油，烧开即成。

营养小典 强筋健骨，生血补血。

清炖羊肉

主料 羊腩肉500克。

调料 葱段、姜块、花椒、八角茴香、桂皮、精盐、胡椒粉各适量。

做法

1.羊腩肉洗净，切块，入锅汆去血水，捞出沥干。

2.炖锅点火，加水烧开，放入花椒、八角茴香、桂皮、葱段、姜块、羊腩，大火烧沸，转小火炖至羊肉熟烂，加入精盐、胡椒粉，再炖10分钟即可。

做法支招

羊肉吃法很多，但清炖最能保存营养价值。

红焖羊排

主料 羊排500克。

调料 葱末、姜末、胡椒粉、蒜瓣、八角茴香、花椒、桂皮、水淀粉、酱油、白糖、食用油各适量。

做法

1.羊排剁成段，放入沸水锅汆烫片刻，捞出沥干。

2.锅中倒油烧热，放入葱末、姜末炒香，倒入羊排，加入酱油煸炒5分钟，加水、八角茴香、花椒、桂皮、白糖、胡椒粉、蒜瓣，小火煨烧至羊肉熟烂，用水淀粉勾芡即可。

做法支招

羊排焯水的时候放半个苹果，能帮助去除羊肉的膻味。

羊肝蛋羹

主料 鹌鹑蛋4个，羊肝100克，水发银耳50克。

调料 精盐、淀粉各适量。

做法

1.羊肝切小块；水发银耳切成小粒；鹌鹑蛋磕入碗中，加入淀粉打散。

2.羊肝、银耳同放锅中，加适量水煮沸，倒入鹌鹑蛋液搅匀煮沸，加精盐调味即可。

营养小典 羊肝味甘，性平，善于补血益肝，明目，适用于血虚萎黄、消瘦、肝虚目暗、视力减退。

香煎鸡肉饼

主料 鸡肉泥150克，肥肉馅、净荸荠丁各20克，糯米粉10克。

调料 葱姜丝、精盐、料酒、淀粉、食用油各适量。

做法

1.鸡肉泥加肥肉馅、净荸荠丁、糯米粉、精盐、淀粉、料酒搅匀，制成鸡肉蓉。

2.平底锅倒油烧热，将鸡肉蓉挤成大小均匀的丸子入锅，用铲子将丸子压成饼，煎至两面金黄时加入葱姜丝，煎至出香，捞出沥油即可。

营养小典 益肾、填脑髓、利五脏、调六腑、明耳目。

贵妃鸡翅

主料 鸡翅中200克。

调料 葱花、姜片、精盐、味精、白糖、料酒、花椒、老抽、食用油各适量。

做法

1.鸡翅中洗净，加精盐、味精、料酒、花椒、老抽腌制30分钟，放入沸水锅汆烫后捞出。

2.炒锅倒油烧热，放入葱花、姜片爆香，加入鸡翅中翻炒片刻，烹入适量水、老抽、精盐、白糖、料酒、花椒，小火炖至鸡翅熟透即可。

营养小典

鸡翅中相对翅尖和翅根来说，胶原蛋白含量更丰富，对于保持皮肤光泽、增强皮肤弹性均有好处。

美味鸡肝蓉

主料 鸡肝200克。

调料 精盐、鸡汤各适量。

做法

1.鸡肝切成小块。

2.锅中倒入鸡汤，放入鸡肝煮熟，鸡汤剩少许，将鸡汤、鸡肝同倒入搅拌器中，加入精盐，打成蓉即可。

营养小典

鸡肝含有丰富的蛋白质、钙、磷、铁、锌、维生素A、B族维生素。肝中铁含量丰富，是补血食品中最常用的食物。

胡萝卜炒鸡肝

主料 鸡肝、胡萝卜各100克。

调料 酱油、料酒、高汤、食用油各适量。

做法

1.鸡肝切丁；胡萝卜去皮，切丁，放入沸水锅汆烫1分钟，捞出沥水。

2.锅中倒入少许油烧热，放入鸡肝丁、胡萝卜丁，小火炒匀，加入料酒拌炒数下，淋入少许高汤、酱油，续煮至汤汁收干即可。

做法支招 鸡肝要充分浸泡，清洗干净残血。

煎鸡肝

主料 鸡肝150克，黄瓜50克。

调料 精盐、沙拉酱、料酒、食用油各适量。

做法

1.鸡肝切厚片，加精盐、料酒腌制15分钟；黄瓜切片，摆在盘边。

2.平底锅倒油烧热，放入鸡肝片煎至两面微黄，盛出摆在黄瓜片旁，淋入沙拉酱即可。

营养小典 维持健康肤色，补血养血。

生炒鱼片

主料 鲶鱼400克，净笋片、青椒丝各25克。

主料 葱段、精盐、酱油、白糖、醋、鲜汤、水淀粉、食用油各适量。

做法

1.鲶鱼宰杀洗净，取肉切成大片，加精盐、水淀粉抓匀上浆。

2.锅中倒油烧热，放葱段爆香，放入鱼片翻炒片刻，加入净笋片、青椒丝、葱段略炒，倒入少许鲜汤，调入精盐、酱油、白糖、醋，烧沸后用水淀粉勾芡，炒匀即可。

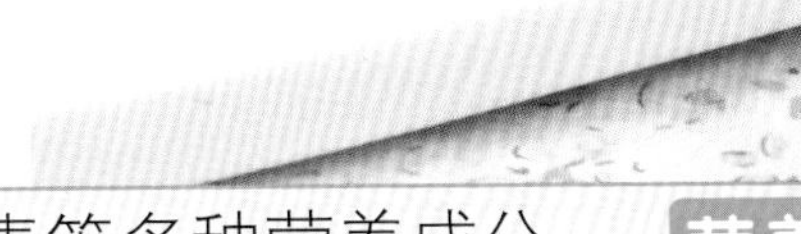

> 营养小典
> 鲶鱼含游离氨基酸、蛋白质、维生素等多种营养成分，为高蛋白、低脂肪食品。

鱼羊鲜

主料 鳜鱼肉200克，带皮羊肉500克。

调料 葱段、姜片、葱丝、精盐、白糖、酱油、料酒、胡椒粉、食用油各适量。

做法

1.鳜鱼肉、羊肉均切成长块。

2.锅内倒油烧热，放入葱段、姜片煸香，放入鳜鱼块煎至变色，加入羊肉块、酱油、精盐、料酒、清水，炖至羊肉熟烂，加白糖，旺火收浓汁，撒胡椒粉，撒上葱丝即可。

> 营养小典
> 鱼羊一起做菜味道能互补，有独特的鲜浓味道与营养。

什锦煨饭

主料 鸡蛋1个(约60克),大米75克,猪肝50克,豌豆、胡萝卜、土豆各25克。

调料 葱花、精盐、食用油各适量。

做法

1.猪肝剁成末;鸡蛋加葱花、精盐和猪肝末炒熟;胡萝卜、土豆均切丁,与豌豆分别入锅煮烂。

2.所有加工好的原料和煮菜的汤一起加淘洗干净的大米,放入电饭煲煮熟即可。

营养小典 猪肝具有补肝明目、养血的功效,身体较瘦弱的宝宝适合食用。

翡翠炒饭

主料 米饭100克,鸡蛋1个(约60克),菠菜、火腿丁各25克。

调料 精盐、食用油各适量。

做法

1.菠菜洗净,用沸水烫熟,捞出漂凉,挤干水分,切成细末;鸡蛋磕入碗中打散。

2.锅中倒油烧热,倒入蛋液炒至凝固,放入火腿丁炒匀,加入米饭、精盐、菠菜翻炒均匀即可。

营养小典 欧洲人认为菠菜是蔬菜之王。菠菜中丰富的铁对缺铁性贫血有改善作用,能让人面色红润。

红豆稀饭

主料 红小豆50克，大米100克。

做法

1.大米和红小豆均洗净，红小豆用水浸泡3小时。

2.电饭锅中倒入适量水，放入大米、红小豆煮熟，盛出凉温，以汤匙喂食宝宝即可。

营养小典 补血补铁，增强体力。

猪肝绿豆粥

主料 绿豆30克，猪肝、大米各50克。

调料 精盐适量。

做法

1.绿豆、大米均淘洗干净，用水浸泡30分钟；猪肝切薄片。

2.锅中倒入适量水，放入绿豆煮至开花，加入大米煮至大米八成熟，放入猪肝煮熟，加精盐调味即可。

营养小典 此品补肝养血，清热明目。

健胃润肠餐

蜂蜜橙子水

主料 橙子100克。

调料 蜂蜜适量。

做法

1.橙子用水浸泡30分钟，带皮切成4瓣。

2.将橙子放入锅内，加清水适量，大火烧沸，转小火煮20分钟，捞出橙子，留汁，稍凉加蜂蜜搅匀即可。

营养小典 橙子所含纤维素和果胶物质，可促进肠道蠕动，有利于清肠通便、排除体内有害物质。

菊花山楂露

主料 菊花15克，山楂50克，大枣20克。

调料 白糖适量。

做法

1.菊花浸洗两次，沥干水分；山楂去核。

2.将适量水放入煲中，放入山楂、大枣，煲滚后改用小火煲30分钟，加入菊花，水滚后熄火闷5分钟，除去渣滓，加入适量白糖拌匀即可。

营养小典 山楂多产于北方，又名红果。山楂的果实能开胃消积，活血祛淤。这款饮品能化积消食、健胃生津。

冰糖杏仁木瓜

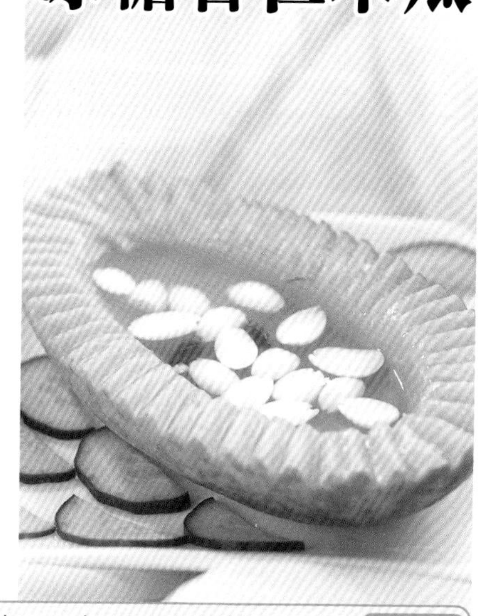

主料 木瓜250克，杏仁5克。

调料 冰糖适量。

做法

1.冰糖捣碎；杏仁洗净泡过，去皮；木瓜洗净，切开两半。

2.将冰糖、杏仁和清水一起倒入木瓜内，拌匀，入笼蒸烂即可。

营养小典 木瓜含糖、有机酸、蛋白质、维生素、木瓜蛋白酶、脂肪酶，能健胃助消化。

酸奶

主料 牛奶1000毫升，酸奶100毫升。

调料 白糖适量。

做法

1.将牛奶倒入消完毒的容器内，加入白糖。

2.将容器放入微波炉内加热40~50秒，取出倒入酸奶，将容器密封，外面包裹好毛巾，放在温暖处8~10小时即成。

营养小典 开胃健脾，可辅助治疗小儿腹泻。

酸奶蛋

主料 鸡蛋1个（约60克），酸奶50毫升，柠檬汁少许。

调料 香菜末、精盐各适量。

做法

1.将鸡蛋煮熟后剥壳，沿长轴对切把蛋黄取出，蛋白暂放一边备用。

2.蛋黄倒入小碗捣碎，加入酸奶、香菜末、柠檬汁和精盐搅拌均匀。

3.将调味好的蛋黄放回到蛋白中，装盘即可。

营养小典 酸奶中的钙很容易被人体吸收，能够促进儿童生长发育。

奶酪

主料 全脂纯牛奶100毫升，浓缩柠檬汁5毫升。

调料 精盐适量。

做法

1.将牛奶放入微波炉中加热到30℃，取出牛奶，加入浓缩柠檬汁，静置8小时。

2.当牛奶分解成半清澈的乳清和凝状物时，加入精盐轻轻搅拌均匀。

3.用经沸水煮过的干净纱布过滤牛奶，将凝状物压紧实，放入冰箱冷藏8小时即可。

做法支招 制作过程中应注意操作卫生，过滤用的纱布一定要消毒后使用。

山楂橘子羹

主料 橘子100克，山楂糕、菠萝各30克。

调料 水淀粉、白糖各适量。

做法

1.橘子剥掉外皮，去籽，切块；山楂糕切块；菠萝切块。

2.锅内加适量水烧开，加入山楂糕，中火煮15分钟，加入橘子、菠萝和白糖，再次煮开，用水淀粉勾芡即可。

营养小典 山楂果实营养丰富，特别是铁、钙等矿物质和胡萝卜素、维生素C的含量均超过苹果、梨、桃和柑橘等水果。

玫瑰香蕉

主料 香蕉300克，鲜玫瑰花瓣、熟芝麻、面粉各20克，鸡蛋1个（约60克）。

调料 白糖、食用油各适量。

做法

1.香蕉去皮切块；鲜玫瑰花瓣切丝；鸡蛋磕入碗内打散。

2.炒锅倒油烧热，将香蕉块蘸匀面糊，逐块入油锅，炸至金黄色时捞出。

3.锅留底油烧热，放入白糖炒至变色，下入香蕉块，翻炒几下，使糖全部裹在香蕉上面，撒上熟芝麻，颠翻几下，盛盘，撒上玫瑰花即可。

营养小典 润滑肠道，缓解宝宝便秘症状。

西柠香蕉

主料 香蕉200克，面包渣50克，鸡蛋1个(约60克)。

调料 白糖、柠檬汁、淀粉、食用油各适量。

做法

1.香蕉去皮，切成斜片；鸡蛋磕入碗中打散，加入淀粉、水调成蛋浆，将香蕉蘸匀蛋浆，裹匀面包渣。

2.锅中倒油烧热，放入香蕉片炸至金黄色，倒入漏勺内控油后摆盘。

3.锅中倒水，放白糖、柠檬汁烧开，用水淀粉勾芡，浇在香蕉上即可。

饮食宜忌 只有熟透的香蕉才有润肠功能，如果多吃了生香蕉，不仅不能通便，反而会加重便秘。

素卤香菇茭白

主料 香菇、茭白各100克。

调料 卤肉汁适量。

做法

1.香菇泡软，表面切十字花；茭白剥去外壳，切片。

2.锅中倒入卤肉汁、水，大火煮滚，再放入香菇、茭白片，转小火焖煮5分钟即可。

做法支招 茭白含草酸较多，制作前要过水焯一下，或开水烫后再进行烹调。

土豆鲜蘑沙拉

主料 土豆、口蘑、胡萝卜、黄瓜各50克。

调料 精盐、白醋、胡椒粉、香油各适量。

做法

1.土豆、胡萝卜均去皮洗净；口蘑洗净；三种原料同入锅煮熟，捞出凉凉，切丁。

2.黄瓜去皮、去瓤，洗净，和口蘑、土豆、胡萝卜同倒入大碗中，加全部调料拌匀即成。

营养小典 土豆含有丰富的B族维生素及大量的纤维素，还含有微量元素、氨基酸、蛋白质和优质淀粉等营养元素。

蘑菇沙拉

主料 金针菇、草菇、香菇各50克。

调料 酱油、醋、白糖、香油各适量。

做法

1.香菇、金针菇、草菇择洗干净，用开水焯烫片刻，捞出沥干；香菇、草菇均切条。

2.酱油、醋、香油、白糖同入碗中，兑成调味汁。

3.用调味汁将蘑菇拌匀即可。

营养小典 蘑菇中的蛋白质含量多在30%以上，比一般的蔬菜和水果要高出很多，还含有多种维生素和丰富的矿物质。

酥枣盒

主料 油豆皮50克，去皮土豆、去核小枣各100克，面粉适量。

调料 精盐、白糖、食用油各适量。

做法

1.油豆皮泡软；面粉加水调成糊状；小枣、土豆上蒸锅蒸烂，加入少量面粉、精盐，搅成泥状，成枣泥馅；其余面粉加水调成面糊。

2.将油豆皮切成两片，抹上面粉糊，再抹上枣泥馅，卷成卷，切段。

3.油烧至三四成热，放入油豆皮枣泥，炸成金黄色时捞出，摆放在盘里，食用时蘸白糖即可。

做法支招 枣核要去净，卷制要卷紧。

金菠香芋

主料 芋头150克，菠萝50克。

调料 番茄酱、精盐、醋、白糖、淀粉、食用油各适量。

做法

1.芋头切滚刀块，裹匀淀粉；菠萝切块。

2.锅中倒油烧热，放入芋头，小火炸熟，再用大火炸片刻，倒入漏勺控油。

3.锅留底油烧热，放入番茄酱炒匀，加入醋、白糖、精盐、菠萝翻炒均匀，用水淀粉勾芡，放入芋头炒匀即可。

营养小典 营养丰富，酥脆又可口。

红豆山药盒

主料 山药150克，红豆馅100克，椰蓉10克，鸡蛋1个（约60克）。

调料 香炸粉、食用油各适量。

做法

1.山药去皮洗净，切成夹刀片；将红豆馅填入山药中；香炸粉加鸡蛋、水调成糊。

2.锅中倒油烧热，将山药盒挂匀糊，沾上椰蓉，下油锅炸至山药成熟即可。

营养小典 山药含有淀粉酶、多酚氧化酶等物质，有利于脾胃消化吸收功能，是一味平补脾胃的药食两用之品。

甜煮薯瓜

主料 红薯、南瓜各100克。

调料 白糖、高汤各适量。

做法

1.红薯、南瓜均洗净，切成丁。

2.高汤倒入锅中，用中火煮开加入白糖、红薯丁、南瓜丁，小火煮熟即可。

营养小典 这道甜点富含维生素和果胶，营养成分易吸收，可促进肠道蠕动，改善便秘症状。

红薯薏仁汤

主料 红薯50克，玉米粒、薏仁各30克。

调料 白糖适量。

做法

1.红薯去皮，切小块。

2.玉米粒、薏仁均洗净，用适量水浸泡2小时，入锅加适量水与红薯块一同煮熟，调入白糖煮溶即可。

营养小典 红薯含高纤维素，可以滑肠通便，还可中和人体内过多累积的酸。绿豆口感香甜，非常适合宝宝食用。

酸甜彩椒

主料 青椒、红椒、黄椒各50克，话梅15克。

调料 白糖、醋各适量。

做法

1.青椒、红椒、黄椒均洗净，去蒂、去籽，切小块。

2.醋、话梅、白糖均放入锅中，加入少许水，以小火煮开，放入青椒、红椒、黄椒续煮3分钟，熄火浸泡15分钟即可。

营养小典 彩椒味辛、性热，有温中散寒、开胃消食的功效，主治寒滞腹痛、呕吐、泻痢、冻疮、脾胃虚寒、伤风感冒等症。

润肠蔬菜汤

主料 番茄、白菜、胡萝卜各50克。

调料 精盐、红糖各适量。

做法

1.番茄、胡萝卜、白菜均洗净切丁。

2.锅中倒入适量水，放入胡萝卜丁、白菜丁，中火煮至胡萝卜丁软烂，加入番茄丁稍煮，调入精盐、红糖即可。

营养小典：白菜含有丰富的粗纤维，不但能起到润肠、促进排毒的作用，又可以刺激肠胃蠕动，促进大便排泄，帮助消化。

水煮鲜笋

主料 带壳鲜笋300克。

调料 精盐适量。

做法

1.鲜笋洗净，去老根，放入淡盐水中煮熟。

2.吃的时候剖开去壳即可。

食用竹笋能促进肠道蠕动，帮助消化，去积食、防便秘。

水煮干笋

主料 水发干笋200克，五花肉丝50克。

调料 葱段、姜丝、精盐、味精、料酒、鲜汤、食用油各适量。

做法

1.水发干笋用开水焯烫后切条，入锅炒干水汽。

2.锅中倒油烧热，放入五花肉丝炒至变色，加入笋条炒匀，烹入料酒，倒入鲜汤，放精盐、味精、姜丝，转小火煮至汤汁乳白，放葱段即可。

做法支招 笋有种自然的清香和鲜味，煮的时间越长越有味，但一定注意不要烧干汤汁。

松仁小肚

主料 猪小肚100克，肉丁、火腿、松仁、肉皮各50克。

调料 葱段、姜片、精盐、料酒、胡椒粉、香油各适量。

做法

1.猪小肚里外洗净；火腿、肉皮切丁，加入肉丁、松仁、精盐、胡椒粉、香油拌匀腌制30分钟，装入猪小肚内，用牙签封住口。

2.猪小肚放入碗内，加葱段、姜片、料酒，入锅蒸熟，取出凉透，切片装盘即可。

营养小典 猪肚具有补虚损、健脾胃的功效，适用于气血虚损、身体瘦弱者食用。

砂锅白肉汤

主料 熟猪肋条肉、水发粉丝、菜花各50克。

调料 精盐、高汤各适量。

做法

1.菜花焯水后切成小块；熟猪肋条肉切成大片。

2.砂锅中放入水发粉丝、菜花，再把肉片放在上面，加入用精盐调好味的高汤，炖20分钟即可。

营养小典 肉汤的味道鲜美，能刺激宝宝的消化液分泌，提高食欲。

软炸山药兔

主料 兔肉200克，山药粉50克，鸡蛋清1个。

调料 精盐、料酒、酱油、淀粉、食用油各适量。

做法

1.兔肉洗净，切块，加入料酒、酱油、精盐腌制入味。

2.鸡蛋清倒入碗中，加入山药粉、淀粉调成蛋清糊，倒入腌好的兔肉，搅拌均匀。

3.锅中倒油烧至八成热，将兔肉块逐块入锅，略炸捞出，第一次全部炸完后，再同时下锅复炸至兔肉呈金黄色浮起时，捞出装盘即成。

营养小典 健脾开胃，补充营养。

香蕉鸡肉

主料 鸡胸脯肉100克，香蕉50克。

调料 炼乳适量。

做法

1.鸡胸脯肉剁碎成肉泥；香蕉捣碎。

2.将鸡肉泥、香蕉泥同放入碗中，加入炼乳，放入微波炉高火加热10分钟即可。

做法支招 可以将香蕉放入碗中捣碎，也可以将香蕉放入保鲜袋中，用手挤碎。

雪梨鸡丝

主料 鸡胸肉、雪梨各100克，彩椒30克，鸡蛋清1个。

调料 葱姜末、精盐、料酒、白糖、淀粉、食用油各适量。

做法

1.鸡胸肉切丝，加鸡蛋清、精盐、淀粉、料酒拌匀腌制15分钟；雪梨去皮，切丝；彩椒切丝。

2.锅中倒油烧热，放葱姜末爆香，放鸡丝、梨丝、彩椒丝翻炒至鸡丝变白，加料酒、精盐、白糖翻炒均匀即可。

营养小典 梨性微寒味甘，具有生津止渴、润燥化痰、润肠通便的功效。

香滑鲈鱼块

主料 鲈鱼肉300克，土豆100克。

调料 姜末、精盐、料酒、淀粉、食用油各适量。

做法

1.鲈鱼肉去皮、去骨刺，洗净，顺着直纹切成块，用少量精盐、淀粉拌匀；土豆去皮洗净，切片。

2.锅内倒油烧热，放入鲈鱼块滑至八成熟，捞出沥油。

3.锅留底油烧热，放入姜末爆香，加入土豆片翻炒片刻，加精盐、料酒和适量水，烧至土豆软，放入鲈鱼块,炒至菜熟,用水淀粉勾芡即可。

营养小典 补肝益肾，健脾补气。

双味麻花鱼

主料 净草鱼肉200克，新鲜水果50克，鸡蛋1个(约60克)，面粉、面包渣、芝麻各20克。

调料 葱姜末、精盐、料酒、醋、白糖、淀粉、食用油各适量。

做法

1.净草鱼肉切条，加葱姜末、精盐、料酒、醋、白糖拌匀腌20分钟；鸡蛋磕入碗中，加淀粉、面粉，调匀成蛋液。

2.鱼条蘸匀鸡蛋浆，每5根鱼条中3根蘸面包渣,3根蘸芝麻,拧成麻花形。

3.锅中倒油烧热，放入麻花鱼炸熟，捞出控油，放盘内，搭配水果即可。

营养小典 开胃健脾，滋补身体。

家常烧鲤鱼

主料 鲤鱼1条(约1000克)。

调料 葱花、姜蒜片、花椒、精盐、白糖、料酒、米醋、酱油、食用油各适量。

做法

1.鲤鱼去鳞、去内脏，洗净，两面剞花刀。

2.炒锅倒油烧热，放入葱花、姜蒜片、花椒爆香，加料酒、米醋、酱油、精盐、白糖调味，放入鲤鱼两面稍煎片刻，加适量水，大火烧开，慢火煨至汤汁变浓，出锅即成。

营养小典 鲤鱼本身有清水之功，米醋也有利湿的功能，若与鲤鱼同食，利湿的功效更强。

萝卜蛏子汤

主料 蛏子200克，萝卜50克。

调料 食用油、料酒、精盐、味精、鲜汤、葱段、姜片、蒜末、胡椒粉各适量。

做法

1.蛏子洗净，入沸水锅略烫一下，捞出，去壳取肉；萝卜削去外皮，切丝，入沸水锅中略烫，捞出沥干。

2.锅置火上，倒油烧热，下入葱段、姜片爆香，倒入鲜汤，加入料酒、精盐烧沸，放入蛏子肉、萝卜丝、味精烧沸，撒上蒜末、胡椒粉即成。

营养小典 此菜含有蛋白质、钙、铁、维生素，营养丰富，有滋补益气、健脾和胃、润肠等功效。

山楂粥

主料 山楂50克，粳米100克。

调料 白糖适量。

做法

1.山楂去核，入锅加适量水，煮成山楂水。

2.粳米淘洗干净，放入山楂水中熬煮成粥，加白糖调匀即可。

营养小典

酸甜开胃，帮助肠胃蠕动消化积食。

南瓜菠菜粥

主料 大米50克，南瓜、菠菜、豌豆各25克。

调料 精盐适量。

做法

1.南瓜去皮切丁；豌豆洗净；菠菜焯水后切成小段；大米泡发洗净。

2.锅置火上，倒入适量水，放入大米，大火煮至米粒绽开，放入南瓜丁、豌豆，转小火煮至粥浓稠，放入菠菜段再煮3分钟，调入精盐搅匀入味即成。

做法支招

南瓜削皮食用味道会更好。

南瓜糯米饼

主料 南瓜、糯米粉各150克，豆沙馅100克，面包糠50克。

调料 白糖、澄粉、猪板油、食用油各适量。

做法

1.南瓜去皮去瓤，切块蒸熟，压成泥。

2.澄粉用开水烫熟，加入糯米粉、白糖、猪板油，搅匀后加入南瓜泥，和成南瓜面团。

3.南瓜面团下成小剂，包入豆沙馅，沾上面包糠，放入热油锅内炸至金黄色即可。

营养小典 糯米具有补中益气、健脾养胃、止虚汗等功效，对食欲不佳、腹胀腹泻有一定缓解作用。

饴糖糯米粥

主料 糯米100克。

调料 饴糖、姜丝各适量。

做法

1.糯米淘洗干净，浸泡1小时。

2.锅中倒入适量水，放入糯米熬煮成粥，起锅前放入饴糖、姜丝，搅匀即可。

做法支招 购买糯米时，宜选择乳白或蜡白色、不透明，以及形状为长椭圆形、较细长、硬度较小的为佳。

芝麻消食脆饼

主料 面粉200克，芝麻、鸡内金各10克。

调料 精盐、食用油各适量。

做法

1.将鸡内金洗净晒干或用小火焙干，研末。

2.将鸡内金粉与面粉、精盐、芝麻一起和面，擀成薄饼。

3.平底锅刷油，放入薄饼烙熟，用小火烤脆即可。

营养小典 此品具有健脾益气的功效，对食欲不振、消化不良有较好疗效。

菠菜疙瘩汤

主料 面粉100克，菠菜50克，洋葱、胡萝卜、金针菇各10克。

调料 精盐、高汤各适量。

做法

1.洋葱和胡萝卜均切丝；金针菇掐去根部；菠菜焯水后剁成末。

2.面粉中放入菠菜末和精盐，加水和面，醒发30分钟，揪成一个个小面疙瘩。

3.锅中倒入高汤烧开，放入蔬菜和面疙瘩烧开，待面疙瘩浮出水面，再略煮片刻即成。

营养小典 润肠通便，补充维生素。

肉末番茄面

主料 儿童挂面100克，番茄、瘦肉馅各25克，洋葱、芹菜叶各10克。

调料 精盐、清汤、食用油各适量。

做法

1.番茄在沸水中烫去皮，切片；洋葱切末。

2.锅内倒入清汤，放入儿童挂面煮烂，加少许精盐调味。

3.另锅倒油烧热，放入洋葱末炒香，再放入肉馅、番茄一起煸炒，最后将炒熟的肉末和菜一起倒入煮好的面条中，搅拌均匀，点缀芹菜叶即可。

营养小典 肉、菜与主食的结合，让营养更丰富，鲜艳的颜色也会增强宝宝的食欲，让宝宝更爱吃。

南瓜面条

主料 面条100克，南瓜50克。

调料 葱花、精盐、高汤、食用油各适量。

做法

1.南瓜去皮、去瓤，切块蒸熟，制成南瓜泥。

2.锅中倒油烧热，放入葱花爆香，加入南瓜泥翻炒片刻，倒入高汤烧沸，放入面条，调入精盐煮5分钟即可。

做法支招 南瓜味道甜美，可蒸食、炒食，可与米、面、肉、蛋等相配烹出佳肴。